아이와 함께 **먹고 즐기는 과학실험**

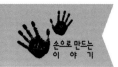
손으로 만드는
이 야 기

아이와 함께
먹고 즐기는 과학실험

앤드류 슐러스 저
박수영 역
크리스 로쉘 사진

씨
아이
알

아이와 함께 먹고 즐기는 과학실험
가족과 함께 부엌에서 할 수 있는 재미있는 실험

초판인쇄 2018년 1월 15일
초판발행 2018년 1월 22일
저　　자 앤드류 슐러스(Andrew Schloss)
역　　자 박수영
펴 낸 이 김성배
펴 낸 곳 도서출판 씨아이알

책임편집 박영지
디 자 인 김나리
제작책임 이헌상

등록번호 제2-3285호
등 록 일 2001년 3월 19일
주　　소 (04626) 서울특별시 중구 필동로8길 43(예장동 1-151)
전화번호 02-2275-8603(대표)
팩스번호 02-2265-9394
홈페이지 www.circom.co.kr

I S B N 979-11-5610-285-4 (03400)
정　　가 15,000원

할머니의 커스터드를 그리며

목차

소개하는 글

10살 때 할머니가 커스터드 굽는 걸 본 적이 있습니다. 볼에 우유와 달걀을 넣고 섞은 다음 오븐에 넣었는데 한 시간 후에 칼로 자를 수 있을 정도로 굳어졌습니다. 어찌나 놀랍던지! 아직도 그날의 기억이 생생합니다.

그 이후에 제가 보았던 것이 과학이란 사실을 배웠고, 주방에서 요리하는 순간마다 알게 되는 과학 원리는 여전히 저를 설레게 합니다. 그것이 요리이자 과학이며 이 책의 전부입니다.

먹을 수 있는 과학

30년 넘게 전문 셰프로 일하면서 많은 책을 썼지만, 이 책은 저에게 특별한 의미가 있습니다. 각 실험은 아이들을 위해서 쓴 것입니다. 대부분의 실험은 집에 있는 재료로 할 수 있습니다. 대부분 한 시간이 안 걸리고(어떤 실험은 10분 정도면 끝나기도 합니다), 실험이 끝나면 간식이나 한 끼 식사로 먹어도 충분합니다.

맛있는 음식을 만드는 데 꼭 과학을 알아야 하는 것은 아닙니다. 하지만 요리를 하면서 배울 수 있는 과학이 상당히 많습니다. 스크램블 에그는 단백질 응고를, 닭을 구울 때는 메일라드 반응[1](갈변현상에 숨겨진 과학)을, 그릴로 구울 때는 열역학을, 쿠키를 구울 때는 산/염기의 상호작용과 지방의 역할, 습기를 흡수하는 설탕, 녹말의 젤라틴화를 차례대로 배울 수 있습니다.

인간, 특히 어린이는 호기심이 많고, 배운다는 것은 본질적으로 신나고 재밌습니다. 여러분의 아이(혹은 부모님)와 음식을 만드는 것은 단순히 먹고 사는 데 국한된 것이 아니라 실용적인 삶의 기술을 전해 주는 것입니다. 또한 우리의 삶에 맛있고 재밌게 과학을 접목하는 방법이기도 합니다.

이 책을 사용하는 방법

평범한 부엌이라면 이 책에서 소개하는 대부분의 실험 도구가 갖춰져 있습니다. 하지만 실험에 편수 냄비, 고무 주걱, 계량컵보다 더 복잡한 도구가 필요할 때는 미리 알려 주겠습니다. 그리고 조금 특이한 한천 가루(식물성 젤라틴)나 알길산 나트륨 같은 재료를 구해야 하는 실험이라면, 수고한 만큼 놀라운 실험 결과를 얻게 될 거라고 보장합니다.

책을 보면 7가지 분야로 나누어져, 정도가 표시된 라벨을 볼 수 있습니다.

신기함 : 괜찮네 / 웬일! / 말도 안 돼! / 대박!
먹기 : 웩! / 맛만 봐 / 다 먹을 수 있어! / 진짜 맛있어!
난이도 : 누워서 떡 먹기 / 예습 필요 / 도움이 필요해요!
시간 : 30분 이하 / 30~60분 / 한나절 / 며칠
재료 : 집에 있는 재료 / 마트에서 구매 / 미리 주문하기
비용 : 5,000원 이하 / 10,000원 이하 / 20,000원 이하
위험도 : 안전 / 불 사용 / 주의 / 경계!

얼마나 신기한가?

신기함 단계가 무엇이든 실험해 볼 가치는 있습니다. '괜찮네'는 이제껏 생각해 보지 못한 신기한 결과라는 뜻입니다. '웬일!'이나 '말도 안 돼'는 자신이 만든 결과물을 보고 깜짝 놀랄 거라는 뜻입니다. '대박'은 흥분해서 어쩔 줄 모를 정도를 말합니다.

맛은 어떤가?

'진짜 맛있어'는 제일 맛있는 단계로 맛을 보장할 수 있습니다. '웩!' 단계에 가까워질수록 맛이 없습니다. 먹을 수 있다는 말이 꼭 먹고 싶다는 말은 아닙니다.

얼마나 복잡한가?

실험의 난이도에 따라 순위를 매겨 놓았습니다. '누워서 떡 먹기'는 6세 전후의 아이들이 어른의 도움 없이도 할 수 있는 정도입니다. '예습 필요'는 대부분의 아이들이 어른의 감독하에 진행할 수 있는 정도입니다. '도움이 필요해요!'는 불을 사용하거나 잠재적 위험이 있는 실험입니다. 어른의 도움이 필요한 부분은 큰 글씨로 표시해 두겠습니다. 필요한 경우 호기심 많은 아이들이 다치지 않도록 ✋ 아이콘 옆에 경고 문구를 적어 놓겠습니다.

시간이 얼마나 걸리는가?

예상 실험시간은 실험 결과물이 나오는 데 걸리는 시간을 말합니다. '한나절'이나 '며칠'은, 예를 들어 젤라틴이 굳거나 얼음 사탕이 자라는 데 시간이 필요하다는 뜻이지 실험을 하는 데 드는 시간을 말하는 것이 아닙니다.

무엇이 필요한가?

실험재료와 기자재는 이미 가지고 있는 것도 있고, 마트나 오픈 마켓에서 사야 하는 것도 있습니다.

노트 : 이 책에 나오는 상당수 실험에 고온 온도계가 필요합니다. 디지털 온도계든 당과용 온도계[2]든 상관없이 150도 이상을 잴 수 있으면 됩니다. 가격도 저렴하고 갖고 있으면 식사 준비할 때나 실험할 때도 유용합니다. 오픈 마켓이나 마트에서 살 수 있습니다.

비용이 얼마나 드나?

이 항목은 특별한 재료를 구매할 때 드는 비용을 말합니다. 기름, 설탕, 소금 같이 이미 갖고 있는 재료나 냄비, 프라이팬, 나무 주걱같이 부엌에 있는 기자재 비용은 넣지 않았습니다. 특별히 필요한 재료가 있다면 별도로 말하겠습니다.

실험은 안전한가?

위험도는 실험 기술과 아이들이 얼마나 책임감을 갖는지에 따라 달라집니다. 여러분의 아이가 가스레인지를 사용할 수 있다면 이 책에 나온 대부분의 실험을 쉽게 할 수 있습니다. 어른의 도움이 필요한 실험이라면 표시해 두겠습니다. 하지만 제가 제시하는 것은 기본 방침일 뿐, 여러분의 아이와 집에서 진행할 때는 본인이 판단해야 합니다.

노트 : 몇몇 실험은 포도 주스 같은 천연 재료나 식용색소를 사용하기 때문에 피부나 옷에 물들 수 있습니다. 안 입는 옷이나 앞치마를 두르고 테이블보를 깔아 얼룩이 묻지 않도록 합니다. 손에 묻은 색소는 뜨거운 물과 비누로 대부분 씻기지만, 지워지지 않으면 약한 세제로 닦아 보세요.

---

1 아미노산과 환원당이 반응하여 갈색색소를 형성하는 현상.
2 뜨거운 액상 설탕 혼합물에 넣어 정확한 온도를 재는 데 사용하는 온도계.

제1장
꿈틀꿈틀 탱글탱글 실험

젤리가 탱글거리고 꿈틀이가 잘 늘어나고 마시멜로를 씹으면 왜 원래대로 돌아올까요? 액체괴물은 왜 끈적끈적하고 미끌거릴까요? 탱글거리고 튀어오르고 늘어나는 성질은 젤이 가지고 있는 특별한 물질 때문입니다.

젤은 흐르지 못하는 액체입니다. 늘어나는 그물 구조 속에 액체가 갇혀 있기 때문입니다. 젤을 건드리면 그물 속의가 액체 흐르기 시작합니다. 하지만 그물이 늘어나는 한계에 다다르면 원래 모양대로 돌아가면서 액체를 반대방향으로 밀어냅니다. 이렇게 앞뒤로 밀고 당기는 성질 때문에 탱글거리고 튀어 오르고 늘어납니다.

젤은 만들기 쉽습니다. 젤라틴 가루와 물이나 주스만 있으면 됩니다. 앞으로 한천, 사일륨, 녹말로 젤을 만들 것입니다. 하지만 어떤 실험은 젤과 전혀 상관없는 재료로 실험을 할 것입니다. 그중에 나오는 가쓰오부시는 발음도 재미있고 보는 것은 더 신기합니다.

이 장에서는 :

---

1 붕소 화합물과 폴리비닐 알코올이 교차 결합한 형태의 고무 고분자 물질.

주스 젤 구슬

　차가운 기름과 따뜻한 젤만 있으면 주스 젤 구슬 실험으로 엄청 신나게 놀 수 있습니다. 젤 구슬은 한천이라는 조류에서 추출한 가루로 만듭니다. 한천은 젤라틴(동물성 콜라겐) 대신 사용하는 식물성 물질로 아시아 요리에서 디저트를 만들 때 많이 사용합니다. 한천은 과학 실험실에서 배양 매체로도 많이 사용합니다. 오픈 마켓에서 쉽게 구할 수 있습니다.

2컵(480ml)

 조심! 어른이 도와주세요.

재료 :

식물성 기름 1~2컵(240~480ml)
건더기 없는 크랜베리 주스나
　　오렌지 주스같이 색이 선명한 주스
　　또는 파란색이나 노란색
　　스포츠 음료 1컵(240ml)
한천 가루 1/2작은술(1 3/4g)

투명하고 긴 유리컵
작은 편수 냄비
작은 손 거품기 또는 포크
작은 내열성 그릇
일회용 스포이드 또는 작은 숟가락
중간 크기 그릇
구멍 뚫린 국자
고운 채
구슬을 보관할 뚜껑이 있는 그릇

실험 순서 :

아주 차가운 기름 준비하기

1. 긴 유리컵에 3/4 이상 기름을 채운다.
2. 냉장고에 넣고 30~40분 정도 둔다.

젤라틴 만들기

1. 기름을 냉장고에 넣고 10분 정도 지나면 냄비에 주스를 붓는다. 한천 가루를 넣고 손 거품기나 포크로 저으면서 녹인다. (약간 덩어리져도 불에 올리면 다 녹는다)
2. 중강불에 냄비를 올리고 계속 저어 가면서 끓인다. 주스가 끓기 시작하면 바로 내열성 그릇에 붓는다.
3. 50도 정도로 식을 때까지 20분가량 기다린다.

구슬 만들기

1. 기름 컵을 냉장고에서 꺼낸다. 냉장고에 45분 이상 두면 기름이 뿌옇고 끈적해질 수 있는데, 이럴 때는 상온에 잠시 두어 투명해지면 사용한다. (기름이 너무 차가우면 구슬이 만들어질 때 위에만 떠 있어, 동그란 구슬이 아니라 평평한 모양이 된다)

2. 스포이드로 주스를 빨아들인 다음, 기름 표면에서 2.5cm 떨어진 높이에서 조금씩 짠다. 주스가 기름에 닿는 순간, 구슬 모양이 되면서 컵 바닥으로 가라앉는다. (숟가락으로 주스를 떨어뜨려도 되지만 스포이드보다 어렵다)
3. 구슬을 20개 정도 만든 다음 꺼낸다. 더 만든 다음 꺼내도 되지만 너무 많으면 뭉개질 수 있다.

씻어서 먹기

1. 중간 크기 그릇에 깨끗하고 차가운 물을 받아 둔다. 구멍이 있는 국자로 구슬을 살살 떠서 물에 넣어 씻는다.
2. 고운 체로 구슬을 거른다. 입안에서 구슬을 터뜨리면 즙이 흘러나온다. 아이스크림 위에 뿌려 먹어도 좋다.
3. 만든 구슬은 밀폐 용기에 담아 냉장고에 넣으면 몇 시간 동안 보관이 가능하다.

왜 이런 걸까? 한천 가루는 젤라틴처럼 천연 젤화제입니다. 한천이나 젤라틴은 열을 가하면 물에 녹는데, 식으면서 액체를 분자의 그물 구조 안에 가둡니다. 그물 구조가 형성되면 물은 움직일 공간이 점점 줄어들어 반고체 상태가 됩니다.

젤라틴과 한천은 비슷한 성질을 가지고 있습니다. 하지만 젤라틴과 달리 한천은 아주 낮은 농도로도 젤이 됩니다. 한천 가루 반 작은술이면 물 한 컵을 굳힐 수 있습니다. 젤라틴은 한천 가루의 세 배가 필요합니다. 그리고 한천은 43도가 넘는 온도에서도 그물 구조를 유지하기 때문에 입속에서도 형태를 유지할 수 있습니다. 입안의 온도는 대략 37도 정도로 젤라틴은 녹아 버리지만 한천은 녹지 않습니다.

젤 구슬은 마술처럼 보이지만, 과학입니다! 우선 주스에 한천을 녹입니다. 한천을 녹인 주스를 차가운 기름에 떨어뜨리면 기름에 닿으면서 젤이 됩니다. 기름과 주스는 섞이지 않기 때문에 주스 방울은 흩어지지 않고 자기들끼리 뭉쳐 구 모양이 되는 것입니다.

어둠 속에서 빛나는 젤리

과일향 젤라틴 가루, 토닉워터 조금, 자외선 전등만 있으면 어둠 속에서 빛나는 간식거리를 만들 수 있습니다. 과일향 젤라틴이 없으면 향이 없는 젤라틴에 설탕이나 꿀, 원하는 주스를 넣고 만들면 됩니다. 이렇게 하면 젤리에 영양분도 살짝 첨가하면서 블루베리-계피, 꿀-사과, 살구-생강처럼 독특한 조합의 젤리도 만들 수 있습니다. 자외선 전등은 철물점이나 오픈 마켓에서 살 수 있습니다.

젤라틴 85g으로 2컵(480ml)
젤라틴 170g으로 1L

말도 안 돼!

맛만 봐

누워서 떡 먹기

한나절

마트에서 구매

5,000원 이하

불 사용

재료 :

레몬이나 라임 향 젤라틴 1박스(또는 향이
　없는 젤라틴에 설탕과 향을 넣는다. '젤라틴
　만들기'의 순서 1을 따라한다)
토닉워터[2] 1병(무설탕 또는 일반 토닉워터는
　잘 되고, 탄산수는 안 된다)

그릇, 숟가락 여러 개
자외선 전등(UV-A 전등)
쿠키 커터(원하면)

실험 순서 :

젤리 만들기

1. 젤라틴에 물 대신 토닉워터를 넣는다. (만약 향이 없는 젤라틴을 사용한다면 젤라틴 7g당
　설탕 3작은술, 레몬이나 라임 주스 1작은술을 넣는다)
2. 재료를 잘 섞은 다음 냉장고에 넣고 굳힌다.

빛나는지 관찰하기!

1. 젤라틴이 굳으면 자외선 전등을 비춰 빛나는지 관찰한다.
2. 효과를 극대화하고 싶으면, 쿠키 커터로 종, 별, 벌레 등 원하는 모양으로 자른 다음 불을
　끄고 가족들에게 디저트로 내도 좋다!

---

[2] 우리나라에서 퀴닌은 의약품으로 분류되어, 현재 판매하는 토닉워터에는 퀴닌이 들어 있지 않다. 대신 리보플래빈(이하 B2)이라는 인광 물질을 넣고 실험하면 똑같은 효과를 얻을 수 있다. 리보
플래빈은 오픈 마켓에서 살 수 있다.

왜 이런 걸까? 야광 젤리를 씹거나 실험에 쓰인 토닉워터를 조금 마셔 보면 쓴맛이 납니다. 이 쓴맛은 토닉워터에 들어 있는 퀴닌이라는 물질 때문입니다. 퀴닌은 자외선을 쪼이면 청록색으로 빛을 내는 성질이 있습니다.

만약 토닉워터로 야광 디저트를 만든다는 것을 못 믿겠으면 노란색이나 초록색 과일 향 젤라틴과 일반 생수로 젤리를 만들어 자외선 전등을 비춰 보세요. 맛은 더 좋겠지만 불을 끄고 보면 아무런 빛도 나지 않을 거예요.

자외선 전등이란?

어둠 속에서 자외선 전등을 켜면 보라색이 약간 도는 것을 볼 수 있습니다. 하지만 자외선 전등이 만들어 내는 자외선은 눈으로는 볼 수 없습니다.

가시광선-눈으로 볼 수 있는 에너지-은 파동을 통해 움직이는 에너지 중에서 꽤 넓은 파장 영역을 가지고 있습니다. (아마 광속으로 이동한다는 얘기를 들어 본 적이 있을 것입니다)

빛 에너지는 우리의 눈까지 파동의 형태로 이동합니다. 하지만 우리의 눈은 파장이 400nm에서 700nm 사이인 파동 에너지만 볼 수 있습니다. 만일 파장이 이 범위를 벗어나면 눈으로 볼 수 없습니다. 에너지 파동은 존재하지만 볼 수 없을 뿐입니다.

모든 색의 빛은 같은 속도(광속)로 이동합니다. 하지만 색깔에 따라 다른 파장을 가집니다. 파장이 길면 빨간색이나 주황색으로 보이고, 파장이 짧을수록 파란색이나 보라색으로 보입니다. 이 색들이 모두 모여 무지개 색을 만듭니다.

에너지의 파장이 가시광선보다 길면 적외선이고, 가시광선보다 짧으면 자외선입니다. 여기서 사용하는 전등은 자외선을 방출합니다. 보이지만 않을 뿐 존재합니다. 토닉워터 속에 있는 퀴닌이 이것을 증명합니다.

퀴닌은 왜 빛이 날까?

퀴닌은 우리가 볼 수 없는 에너지를 보이게 하는 인광(燐光) 물질을 포함하고 있습니다. 퀴닌에 들어 있는 인광 물질은 UV(자외선) 에너지를 흡수했다가 안정화되면서 청록색 가시광선을 내놓습니다.

만약 여러분이 흰 옷을 입고 이 실험을 한다면, 자외선 전등을 비출 때 옷이 어둠 속에서 빛나게 됩니다. 왜냐하면 요즘 세탁 세제에는 인광 물질이 들어 있어 UV 에너지를 흡수하고 흰색 가시광선을 내놓기 때문입니다. 인광 물질이 없다면 티셔츠는 흰색으로 보이겠지만, 인광 물질이 있다면 햇빛 아래서 자외선 전등을 비추면 셔츠는 '흰색보다 더 하얗게' 빛날 것입니다.

내가 만든 마시멜로

말도 안 돼!

진짜 맛있어!

도움이 필요해요!

한나절

마트에서 구매

10,000원 이하

불 사용

폭신폭신 가루에 파묻혀 있지만, 사탕보다 더 달콤한 마시멜로에는 과학적 재미가 숨어 있습니다. 집에서 마시멜로를 만들면 온갖 종류의 흥미로운 자연 법칙을 경험할 수 있습니다. 콜라겐(결합조직을 구성하는 주요 단백질)이 어떤 특성을 가지는지, 설탕이 어떻게 결정을 만드는지(그리고 뜨거운 물에서 녹을 때 어떤 일이 생기는지), 거품이 어떻게 생기는지, 그리고 젤라틴이 어떤 작용을 하는지 보게 될 것입니다. 이 마시멜로가 여러분을 아~~~주 똑똑하게 만들어 줄 거예요!

마시멜로 81개

 조심! 어른이 도와주세요.

재료 :

향이 없는 젤라틴 7 1/2작은술(21g)

차가운 물 1컵(240ml)

옥수수 시럽 1컵(240ml)

흰 설탕 1 1/2컵(300g)

소금 1/4작은술

바닐라 농축액 2작은술(10ml)

식용색소 6방울(원하면)

오일 스프레이

슈거 파우더 1/3컵(35g)

녹말가루 3큰술(25g)

스탠드 믹서[3]

크고 무거운 편수 냄비

나무 주걱

요리용 아날로그 온도계 또는 디지털 온도계

23cm 크기의 정사각형 베이킹 팬

작은 믹싱볼

일자형 스테인리스 스패츌러[4]

넓은 도마

큰 칼

큰 지퍼백이나 뚜껑이 있는 밀폐 용기(남은 마시멜로 보관용)

[3] 핸드 믹서와 달리 몸체에 믹싱볼이 딸려 있고 원하는 거품기를 교체해 가면서 사용할 수 있는 믹서.
[4] 음식을 뒤집을 때나 프로스팅을 컵케이크에 바를 때 사용하는 도구.

실험 순서:

마시멜로 반죽 만들기

1. 스탠드 믹서 볼에 찬물 1/2컵(120ml)과 젤라틴을 넣는다. 거품기를 끼운 다음 살짝 섞는다.
2. 큰 냄비에 남은 찬물 1/2컵, 옥수수 시럽, 흰 설탕, 소금을 넣고 중불에 올린 다음 저으면서 녹여 준다. 뚜껑을 덮고 3분 정도 끓인다.
3. 뚜껑을 열고 5분 후부터 온도를 재면서 시럽이 115도가 될 때까지 끓인다.
4. 불에서 재빨리 내린다. 온도가 너무 낮으면 마시멜로가 굳지 않고 온도가 너무 높으면 마시멜로가 쫀득한 질감이 없이 바삭해지기 때문에 115도를 지키는 게 중요하다.
5. 젤라틴 반죽이 들어 있는 믹서를 약으로 돌리면서 시럽을 믹싱볼 한쪽 면으로 천천히 붓는다.
6. 시럽을 다 부었으면 속도를 강으로 올린다. 반죽이 뻑뻑하면서 하얗게 변하고 따뜻하게 식을 때까지 약 10분 간 돌린다. 마지막에 1분 정도 남겨 두고 바닐라 농축액을 넣는다(원하면 식용색소를 넣어도 된다).

마시멜로 식히기

1. 베이킹 팬에 오일 스프레이를 뿌린다. 너무 많이 뿌리지 않도록 주의한다.
2. 슈거 파우더와 녹말가루를 작은 볼에 넣고 섞는다. 반 정도를 베이킹 팬에 붓고 팬을 이리저리 기울이면서 골고루 묻힌다.
3. 스패츌러에 오일 스프레이를 뿌리고 마시멜로 반죽을 긁어서 준비된 팬에 붓는다. 반죽이 네 귀퉁이에 골고 루 퍼지도록 고르게 펴 준다. 스패츌러에 마시멜로가 달라붙으면 오일 스프레이를 더 뿌린다.
4. 윗면에 남은 가루를 뿌린다. 적어도 6시간 이상 아니면 하룻밤 동안 굳힌다.

마시멜로 자르기

1. 도마 위에 굳힌 마시멜로를 꺼내 칼에 슈거 파우더를 묻혀 가면서 2.5cm 크기로 자른다. 팬에서 떨어진 가루를 자른 마시멜로 표면에 바른다.
2. 먹고 남은 마시멜로는 지퍼백이나 밀폐 용기에 넣는다. 실온에 두면 3개월 정도 보관이 가능하다.

왜 이런 걸까? 콜라겐은 동물의 세포를 연결하는 결합조직의 주요 단백질입니다. 이 콜라겐을 가루로 만든 것이 젤라틴입니다. 달걀흰자나 생크림 같은 모든 액체 단백질은 계속 저어 주면 단단해집니다.

마시멜로를 만들 때 뜨거운 농축 설탕 시럽과 젤라틴을 섞은 다음 믹서로 저어 줍니다. 믹서가 돌아가면서 반죽에 공기를 넣어 줍니다. 동시에 콜라겐 속에 들어 있는 단백질 분자의 끈이 공기 주머니 주위에 얽히게 됩니다.

단백질이 점점 더 많이 얽히면서 반죽이 부풀고 커져, 결국에는 믹싱볼 바닥에 있던 한 줌의 젤라틴이 믹싱볼을 가득 채우게 되는 것입니다! 젤라틴이 식으면서 거품을 싼 벽이 굳어질 때까지 믹서를 돌리면 됩니다. 완성된 마시멜로는 쫀득쫀득(단백질이 응고했기 때문에)하면서 폭신폭신(공기 방울 때문에)합니다.

옥수수 시럽의 비밀

마시멜로를 만들 때 설탕물을 85퍼센트로 졸여 시럽을 만듭니다. 설탕을 농축하면 설탕 분자(대부분 수크로오스, 자당)가 결정으로 변하는데(2장 참조) 자칫하면 거칠고 바삭한 마시멜로가 되어 버립니다. 바삭거리는 마시멜로를 좋아하는 사람은 없을 거예요.

옥수수 시럽을 넣으면 다른 형태의 당(대부분 글루코오스, 포도당)이 수크로스 시럽과 섞이게 됩니다. 그리고 이 당의 긴 사슬 구조가 수크로오스와 엉키면서 결정이 되는 것을 방해합니다. 그 결과 부드럽고 쫄깃거리면서 폭신폭신하고 가벼운 마시멜로가 되는 것입니다.

대박!

다 먹을 수 있어!

도움이 필요해요!

한나절

마트에서 구매

10,000원 이하

주의

마시멜로 풍선

마시멜로를 만들어 보았습니다. 이제 재미있게 놀 차례입니다. 공기는 크고 텅 빈 것 같지만, 실제 우리 주위는 기체 분자로 가득 차 있습니다. 마시멜로도 그렇습니다. 공기를 가둘 수 있었다면(마시멜로 만들 때 했던 것처럼) 실험처럼 공기를 움직일 수도 있습니다. 실험에 사용하기 가장 좋은 것은 용기 진공 기능이 있는 진공 포장기입니다. 이 기계를 사용하면 마시멜로를 여러 번 부풀렸다 줄였다 할 수 있습니다. 부풀리기만 한다면 전자레인지를 사용해도 되지만, 마시멜로가 익어 버리기 때문에 한 번 부풀린 마시멜로는 다시 사용할 수가 없습니다.

 조심! 어른이 도와주세요.

재료 :

마시멜로 큰 것(작은 것은 안 돼요!) 여러 개.
마트에서 사거나 만들어서 준비(21쪽)

용기 진공 기능이 있는 진공 포장기와
유리병, 전자레인지용 접시

실험 순서 :

진공 포장기로 마시멜로 부풀리기

1. 진공 포장기에 맞는 유리병에 마시멜로를 하나 넣는다.
2. 유리병을 진공 포장기에 끼운다. 작동 버튼을 누르고 마시멜로가 10배 또는 그 이상으로 부푸는 모양을 관찰한다.
3. 진공 포장기를 끄면 마시멜로는 원래의 모양과 크기로 돌아온다. 마시멜로를 몇 개 더 넣고 다시 실험해 본다.

전자레인지로 마시멜로 부풀리기

1. 접시에 마시멜로를 한 개 또는 몇 개 올려놓는다.
2. 전자레인지에 넣고 최대 출력으로 30초에서 1분간 돌린다(마시멜로의 개수에 따라 달라진다). 원래 크기의 5배 정도로 커진다.
3. 꼬치에 마시멜로를 끼워서 구우면 여전히 폭신폭신한 질감이 살아 있다. 전자레인지에 돌린 마시멜로 하나를 찢어서 속을 관찰해 보면, 구운 마시멜로의 속과 겉이 바뀐 것처럼 갈색을 띠면서 바삭바삭하다.

왜 이런 걸까? 마시멜로가 공기 방울로 가득 차 있다는 것, 기억나지요? 진공 용기 안에 마시멜로를 넣으면 뚜껑 아래의 공기는 두 가지로 나뉩니다. 하나는 마시멜로 안, 다른 하나는 마시멜로 밖입니다.

진공 포장기를 켜기 전 마시멜로 속 공기는 진공 용기 안 공기의 압력과 같습니다. 진공 포장기를 켜면 용기 안의 공기압은 급속도로 떨어지고 그 결과 마시멜로 안의 공기압은 상대적으로 올라가게 됩니다. 공기 방울은 밖으로 나가려고 하고 탄성이 있는 마시멜로의 벽은 늘어납니다. 다시 진공 포장기를 끄면 공기가 다시 용기 안으로 들어오고 부풀었던 마시멜로는 원래 크기로 돌아갑니다.

전자레인지 안에서도 마시멜로 속 공기 방울은 부풀지만 이유는 다릅니다. 마이크로파가 마시멜로 속의 물을 진동시켜 수증기로 만듭니다. 수증기는 액체 상태의 물이 기체 상태로 바뀐 것입니다. 같은 수의 분자일 때 기체가 액체보다 훨씬 더 큰 공간을 차지합니다. 이 때문에 수증기는 탄성이 있는 마시멜로 벽을 늘리고, 마시멜로가 부푸는 것입니다. 마시멜로 안에 갇혀 있는 수증기는 매우 뜨겁기 때문에 마시멜로 안의 설탕이 캐러멜화되고, 그 결과 속이 갈색으로 변하면서 바삭거립니다.

맙소사, 액체괴물을 먹을 수 있다고?

걸쭉하면서 미끌거리고 물렁물렁한 액체괴물을 만지고 놀면 재미있습니다. 액체괴물의 비밀 재료는 녹말가루입니다! 녹말과 물을 섞으면 지구상에서 가장 특이한 유체가 탄생합니다. 사실 너무 이상해서 '비뉴턴 유체'라고 부를 정도입니다. 이 명칭은 중력도 알려지지 않고 미적분학도 없었던 시절, 유체의 흐름을 처음으로 설명한 뉴턴에 대한 경의로 만든 것입니다. 녹말과 물을 섞은 액체는 다른 액체와 달리 반죽을 세게 치면 단단한 고체처럼 변합니다. 신기하죠? 이 실험은 금방 만드는 데다 재미까지 있어 파티에 활용하면 좋습니다!

1 1/2컵(360ml)

 조심! 어른이 도와주세요.

 대박!

맛만 봐

도움이 필요해요!

30분 이하

집에 있는 재료

5,000원 이하

불 사용

재료 :

연유 414ml
녹말가루 1큰술(8g)
식용색소 약간
바닐라 농축액이나
   다른 향의 농축액 몇 방울(원하면)

편수 냄비
숟가락
포크

실험 순서 :

액체괴물 끓이기

1. 냄비에 연유와 녹말가루를 넣고 섞은 뒤, 약한 불에 올린다. 계속 저어 가면서 끓인다.
2. 내용물이 끈적해지면 불에서 내린다. **조심! 뜨거운 액체괴물이 손에 붙으면 델 수 있다.**

식히고 색을 입힌 다음, 신나게 갖고 놀기!

1. 원하는 색과 향을 넣고 포크로 저은 뒤 식힌다.
2. 상온 정도로 식으면 냄비에서 꺼내 신나게 논다! 물론 먹을 수 있다.

왜 이런 걸까? 대부분의 물질은 고체, 액체, 기체의 세 가지 상태로 존재합니다. 예를 들어 물은 상온에서는 액체, 얼면 고체(얼음), 열을 가하면 기체(수증기)가 되어 증발합니다. 물이 많이 포함되어 있는 우유도 녹말을 섞지 않는다면 비슷한 결과를 보입니다.

녹말은 특이하게 어떤 액체에도 완전히 녹지 않습니다. 대신에 아주 작은 입자의 형태로 떠다니는데 이것을 현탁액이라고 합니다. 액체괴물을 쥐어짜면 녹말이 뭉치면서 겉은 미끄덩하지만 속은 단단해집니다. 그러다 손을 펴면 액체처럼 흘러내립니다.

 덧글 : 액체괴물을 먹고 싶다면 바닥에 굴리지 말아 주세요. 바닥에 굴리면 때가 묻고 머리카락이 들어갈 수도 있어요. 결론부터 말하자면 액체괴물은 맛있는 간식이라기보다는 재미있는 장난감에 가깝습니다. 하지만 용기를 내서 한번 찍어 먹어 보세요.

피자가 살아 있어요!

신기하지만 약간은 징그러운 살아 있는 피자를 만들어 봅시다. 피자와 가쓰오부시는 마트나 오픈 마켓에서 구할 수 있습니다. 가쓰오부시는 진짜 생선으로 만들지만 생김새와 맛은 생선과 완전히 다릅니다. 생김새는 나무 조각 같고 맛은 비슷한 것이 없습니다. 하지만 따뜻한 피자나 뜨겁고 습기 있는 음식(밥, 파스타, 스프 또는 스크램블 에그)에 얹으면 갑자기 살아서 움직이기 시작합니다!

8인분

 조심! 어른이 도와주세요.

대박!

진짜 맛있어!

도움이 필요해요!

30분 이하

마트에서 구매

10,000원 이하

불 사용

재료 :

피자나 냉동 피자 라지 사이즈 1판
가쓰오부시 1컵(230g)

오븐 장갑

실험 순서 :

피자굽기

1. 냉동 피자를 사용한다면 포장지에 써 있는 대로 데운다. 피자를 배달시켰다면 180도 오븐에서 5분간 아주 뜨거울 때까지 데운다. 집에서 직접 굽는다면 레시피대로 굽는다.

살아 있는 피자!

1. 피자를 오븐에서 꺼내자마자 피자 위에 가쓰오부시를 뿌린다. 가쓰오부시가 꿈틀꿈틀 움직일 것이다.
2. 가쓰오부시가 움직일 때 잘라서 나눠 준다.

왜 이런 걸까? 농도가 다른 두 용액이 막을 사이에 두고 있을 때, 농도가 낮은 쪽에서 높은 곳으로 물이 이동하는 현상을 삼투현상이라고 합니다. 피자에서도 삼투현상이 일어납니다.

가다랑어는 참치의 일종입니다. 가쓰오부시는 가다랑어 안심이 나무토막처럼 될 때까지 여러 주 동안 말린 것입니다. 보통은 음식에 뿌릴 수 있게 종이 두께로 얇게 깎아서 씁니다. 피자에 뿌려진 가쓰오부시는 피자에서 나오는 뜨거운 증기를 흡수합니다. 말라 있던 가쓰오부시가 습기 때문에 불어나면서 춤을 추기 시작하는 것입니다.

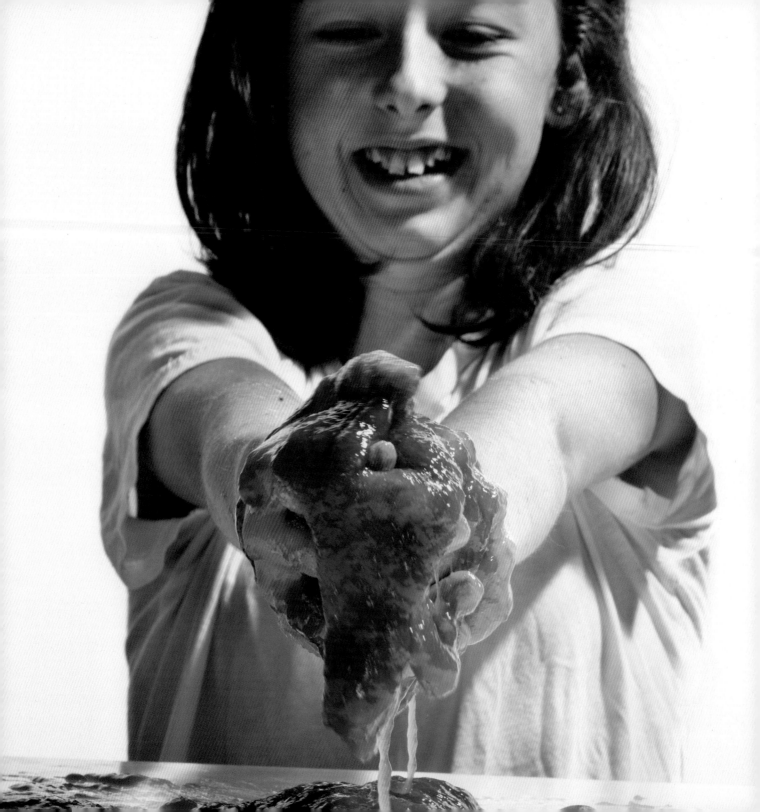

다 먹어 버리겠다, 심령체

끈적끈적하고 엽기적인 심령체를 만드는 방법은 여러 가지 있습니다. 하지만 대부분 먹을 수 없습니다. 지금 소개하는 방법은 약간은 덜 끈적거리지만 먹을 수 있습니다. 끈적이게 만드는 성분이 실리움[5]인데, 실리움은 스폰지처럼 액체를 흡수하는 식물 섬유의 한 종류입니다. 처음에는 말라 있지만 일단 수분을 흡수하면 굉장히 축축하면서 미끄러워서 손에 잡고 있기 힘든 상태가 됩니다. 질감은 상당히 징그럽지만 라임 주스와 꿀을 넣어서 그냥저냥 먹을 만한 심령체를 만들 수 있습니다.

1컵(240ml)

말도 안 돼!

맛만 봐

누워서 떡 먹기

30분 이하

마트에서 구매

5,000원 이하

불 사용

재료 :

실리움 식이 섬유 1큰술(12g),
　　오픈 마켓에서 구매 가능
물 2컵(480ml)
꿀 2작은술
라임 주스 1작은술
초록색 식용색소

손 거품기 작은 것이나 포크
전자레인지용 유리 그릇이나 유리 계량컵
비닐 랩
전자레인지
뚜껑이 있는 밀폐 용기(보관용)

실험 순서 :

심령체 만들기

1. 실리움 가루를 전자레인지용 그릇이나 유리 계량컵에 넣고 물을 부은 다음, 작은 손 거품기나 포크로 섞는다.
2. 비닐 랩이나 전자레인지용 뚜껑을 느슨하게 덮어 전자레인지에 넣고 최대 출력으로 3분간 돌린다. 거품이 생길 것이다.
3. 뚜껑을 벗기고(뜨거운 증기에 손을 데지 않도록 조심할 것!) 젓는다. 뚜껑을 다시 덮고 3분간 더 돌린다.

색과 향 입히기

1. 뚜껑을 열고 꿀, 라임 주스, 식용색소 몇 방울을 넣고 젓는다. 상온에서 식힌다.

신나게 놀기!

1. 심령체를 손에 붓고 신나게 놀아 보자.
2. 입가에 발라 친구나 부모님을 놀래켜 보자.

---

5 질경이 씨 껍질에서 얻는 식이 섬유. 소화와 배변 유도에 좋은 허브로 알려져 있으며 물과 만나면 부피가 10까지 늘어나는 성질이 있다.

왜 이런 걸까? 식물에는 구조를 유지하는 두 가지 섬유질이 있습니다. 셀룰로오스는 질기고 단단한 세포벽의 주성분입니다. 헤미셀룰로오스는 유연해서 식물 세포가 부서지지 않고 움직일 수 있게 해 줍니다. 식물 섬유를 물에 넣고 익히면 셀룰로오스는 녹지 않고 단단한 채로 있지만, 헤미셀룰로오스는 엄청난 양의 물을 흡수해서 야채를 물렁하고 부드럽게 만듭니다. 실리움은 질경이 씨의 껍질로 자기 무게 수십 배의 물을 흡수할 수 있습니다. 실리움에 들어 있는 많은 양의 헤미셀룰로오스는 심령체의 가장 중요한 특징인 젤리 같은 질감을 만들어 줍니다!

 덧글 : 조심하세요! 액체괴물을 오래 가지고 놀면 손이 황록색으로 물들 수 있습니다. 뜨거운 물로 비누칠하면 거의 지워지지만, 혹시 잘 안 지워지면 찌든 때 제거용 중성세제로 씻어 내면 됩니다.

플러버

액체괴물을 전자레인지에 돌려서 굳히면 고무공처럼 통통 튀는 플러버(탱탱볼)를 만들 수 있습니다. 가지고 놀던 액체괴물을 그릇에 넣고 전자레인지에서 3분간 돌린 다음 섞어서 다시 전자레인지에 넣어 주세요. 횟수를 반복할수록 더 단단하고 잘 튀는 플러버가 됩니다.

손가락 페인트를 핥아 먹어요

괜찮네

맛만 봐

도움이 필요해요!

30분 이하

집에 있는 재료

5,000원 이하

불 사용

사진의 색깔을 한번 보세요! 체리 레드, 코발트 블루, 제비꽃 보라, 풀잎 초록. 하지만 여러분이 무엇을 하든지 손에 묻은 페인트를 핥아 먹어서는 안 됩니다! 아니… 잠시만요. 한번 맛 보세요! 이 페인트는 맛있어요! 아니 적어도 먹을 수는 있습니다. 몇 분만 요리하면 밀폐 용기에 넣어 몇 주 동안 보관할 수 있어요.

용기 4개분, 각각 2/3컵(160ml)

 조심! 어른이 도와주세요.

재료 :

찬물 1 1/2컵(600ml)
녹말가루 1/2컵(55g)
설탕 1/4컵(50g)
식용색소 4가지 색
향 : 노란색에는 레몬 농축액, 빨간색에는
    베리 농축액, 녹색에는 민트 농축액,
    파란색에는 포도 농축액 등(원하면)

블렌더
중간 크기 편수 냄비
나무 주걱
플라스틱 컵 4개(보관을 원하면
    뚜껑 있는 용기)

실험 순서 :

섞기

1. 블렌더에 물, 녹말가루, 설탕을 넣고 완전히 섞일 때까지 부드럽게 돌린다.

익히기

1. 내용물을 냄비에 붓고 중불에 올려 계속 저으면서 끈적해질 때까지 끓인다.
   불에서 내려 식힌다.

페인트 만들기

1. 내용물을 컵 4개에 나누어 담는다.
2. 각각 다른 색의 식용색소를 6방울씩 넣고 잘 섞어 준다. 원하는 색을 선택해도 좋지만 대비가 확실한 색을 고르도록 한다. 원한다면 농축액을 한두 방울 넣어 향을 더해 준다. 이제 준비 끝!

나만의 작품 만들기

1. 신나게 그린다! 작품을 만들면서 손가락 페인트도 맛본다.
2. 신나게 놀았으면 페인트가 마르지 않도록 뚜껑을 잘 닫아서 보관한다.

왜 이런 걸까? 녹말가루를 찬물에 섞으면 아무 일도 일어나지 않습니다. 하지만 열을 가하면 녹말 분자가 움직이기 시작합니다. 그러다가 끓기 직전에 녹말 분자의 조직이 깨지면서 물과 결합합니다. 그 결과 몇 초 안에 묽은 액체가 푸딩처럼 끈적하고 되직해집니다. 여기에 초콜릿과 설탕을 넣으면 푸딩이 되지만, 원하는 색을 넣으면 맛있게 먹을 수 있는 페인트가 됩니다!

제2장
달달한 결정 실험

    결정은 아름답습니다. 삐쭉빼쭉한 표면은 아주 적은 빛만 있어도 어둠 속에서 반짝입니다. 다른 보석과 마찬가지로 다이아몬드도 결정입니다. 흔히 볼 수 있는 얼음, 화강암, 사탕도 결정입니다.

    자연에서 결정은 흔하지만 음식에서는 그렇지 않습니다. 음식에서 자연 상태의 결정은 설탕과 소금(얼음도 있지만 음식으로 취급하지 않는다), 두 가지뿐입니다.

    결정은 딱딱합니다. 사탕을 만들 때 와~자~작 깨무는 재미를 보려면 결정이 잘 만들어져야 합니다. 메이플 시럽 결정(43쪽)이나 얼음 사탕(45쪽)이 그렇습니다. 하지만 아이스크림은 부드러워야 제맛입니다. 결정으로 가득 찬 아이스크림이지만 부드럽고 크림 같은 질감이 나도록 만들 것입니다. 달콤한 용암(55쪽)이나 톡톡 튀는 조약돌(59쪽)에서는 결정 안에 공기를 가두고 부풀려서 바삭거리면서도 간질간질한 독특한 질감을 맛볼 수 있습니다.

이 장에서는:

메이플 시럽 결정

얼음 사탕

5분 아이스크림

크림 없는 아이스크림

달콤한 용암

톡톡 튀는 조약돌
물이 끓는 원리

지팡이 사탕 접기

메이플 시럽 결정

메이플 시럽 결정은 얼음 사탕(45쪽)처럼 삐쭉빼쭉하고 날카롭진 않지만, 자세히 들여다보면 호박처럼 투명하면서 매끈합니다. 호박은 선사시대의 나무 수액이 수백만 년에 걸쳐 굳으면서 만들어진 아름다운 광물입니다. 팬케이크에 부어 먹는 달콤하고 끈적한 메이플 시럽 또한 나무 수액으로 만듭니다(선사시대 나무는 아니지만). 메이플 시럽을 끓이면 설탕 분자들은 서로 가까워져 부딪히고 결국엔 달라붙어서 먹을 수 있는 황금색 판유리로 변신합니다.

1/2컵(120g)

 조심! 어른이 도와주세요.

재료:

메이플 시럽 1컵(240ml)
다진 견과류나 건포도(원하면)

스테인리스 파이 팬이나 베이킹 팬
작은 편수 냄비
나무 주걱

실험 순서:

1. 파이 팬을 냉장고에 넣고 적어도 15분에서 몇 시간 동안 둔다.
2. 냄비에 메이플 시럽을 넣고 중불에 올린 다음 계속 젓는다. 시럽이 끈적해지면서 색이 연해지고 거품이 날 때까지 10분간 끓인다.
3. 차갑게 식힌 팬에 뜨거운 시럽을 붓는다. 메이플-호박을 관찰한다! (원한다면 다진 견과류나 건포도를 넣어 호박 안에 갇힌 벌레를 연출해도 좋다)

왜 이런 걸까? 메이플 시럽은 단풍나무의 수액을 끓여서 식힌 것입니다. 나무의 수액은 영양분을 뿌리에서 잎사귀까지 전달하는 역할을 합니다. 봄에서 여름까지 단풍나무 잎사귀는 햇빛으로부터 모은 에너지를 광합성을 통해 포도당으로 전환합니다. 포도당은 나무의 성장에 필요한 영양분을 공급하고, 남은 것은 뿌리에 녹말 형태로 저장됩니다. 나무는 겨울을 지나 봄이 되면 많은 에너지가 필요합니다. 이때 저장되어 있던 녹말을 다시 포도당으로 전환하여 수액(물, 설탕, 미네랄의 조합)의 형태로 나무 밑둥에서 새 잎사귀가 나는 줄기까지 전달합니다. 시럽 제조업자들은 나무껍질에 홈을 파서 수액을 받은 다음, 이것을 끓여서 끈적한 시럽을 만듭니다.

얼음 사탕

바위가 자라는 것을 본 적 있나요? 여러분이 20억 년을 산다면 볼 수도 있을 것입니다. 하지만 그렇게 오래 살지 못한다면 여기에 다른 방법이 있습니다. 바위는 반복되는 패턴이 기하학적 형태를 이루면서 줄 지어 있는 원자나 분자의 결정으로 이루어져 있습니다. 연필심은 아주 부드러운 결정인 반면, 결혼반지의 다이아몬드는 아주 단단한 결정입니다. 이 '달콤한' 실험에서 여러 개의 설탕 결정이 아름답고 단단한 바위로 변하는 것을 눈앞에서 보게 될 것입니다.

2컵(400g)

 조심! 어른이 도와주세요.

말도 안 돼!

진짜 맛있어!

도움이 필요해요!

며칠

집에 있는 재료

5,000원 이하

경계!

재료 :

설탕 3컵(600g)
물 1컵(240ml)
식용색소 몇 방울(원하면)
에센스 오일이나 농축액 1/2작은술 :
　　민트, 계피, 바닐라, 레몬 등(원하면)

편수 냄비
나무 주걱
사용할 병보다 긴 대나무 꼬치
용기를 덮을 사각형 판지
1리터 크기의 투명한 유리병
오븐 장갑

실험 순서 :

설탕 시럽 만들기

1. 설탕과 물을 냄비에 붓고 섞는다.
2. 중불에 올려 나무 주걱으로 계속 저어 가면서 설탕이 완전히 녹아 투명해질 때까지 끓인다. **조심! 내용물이 손에 튀면 델 수 있다!**
3. 시럽을 불에서 내려 원하는 색과 향을 넣고 저어 준다.
4. 냄비를 한쪽에 놓고 약 10분간 식힌다.

대나무 꼬치 '씨앗'을 만들어 병에 넣기

1. 사각 판지 중간에 대나무 꼬치를 끼운 다음 병에 꽂는다. 꼬치는 병 옆면이나 바닥에서 2.5cm 정도 띄워야 한다.
2. 준비가 끝나면 꼬치의 뾰족한 부분을 뜨거운 설탕 시럽에 담갔다가 꺼내서 병 안에 꽂아 둔다. 냄비 안의 시럽이 식을 동안, 꼬치에 묻은 시럽이 마르도록 둔다.

결정 키우기

1. 시럽이 적당히 식고 꼬치가 마르면 꼬치가 끼워진 판지를 들어낸다. 시럽을 병에 붓고 다시 뚜껑을 닫아 꼬치가 시럽에 잠기게 한다.
2. 시럽이 아직 뜨거울 수 있으므로 오븐 장갑을 끼고 병을 들어 안전한 곳으로 옮긴 후, 흔들지 말고 관찰한다. 작은 결정이 금방 생길 수도 있지만 4~5일은 지나야 크고 울퉁불퉁한 결정을 '수확'할 수 있다. 인내력을 시험할 때이다.

왜 이런 걸까? 대나무 꼬치를 시럽에 담갔다가 말리면 꼬치 표면에 작은 결정이 생깁니다. 그 꼬치를 시럽을 채운 병에 넣으면 설탕 껍질이 작은 씨앗 역할을 해서 그 위에 큰 결정이 자라게 됩니다. 물의 온도가 높을수록 더 많은 설탕을 녹일 수 있는데, 뜨거운 온도에서 포화시킨 설탕물을 식히면 과포화 상태가 됩니다. 과포화 상태는 너무 많은 설탕이 녹아 있는 불안정한 상태이므로, 녹아 있던 설탕 분자가 씨앗 결정에 붙게 되고 점점 커지며 얼음 사탕이 됩니다. 몇 센티미터 크기의 얼음 사탕이 갖고 있는 설탕 분자는 1,000조 개보다 많습니다.

5분 아이스크림

아이스크림을 좋아한다고 해서 아이스크림 만드는 법을 알 필요는 없습니다. 하지만 여러분이 좋아하는 재료를 들고 흔들면서 직접 만들어 보면, 맛있는 음식이 만들어지는 과정과 방법을 알아낸 사람에게 고마움을 느낄 것입니다. 그리고 마트에서 집어 들기만 하면 음식을 구할 수 있는 것이 얼마나 행운인지 알게 될 것입니다. 달콤한 크림이 얼면 아이스크림이 되는 것 같지만, 크림은 지방과 단백질, 물의 미묘한 균형이 만들어 내는 복합체입니다. 그냥 크림을 얼리면 물이 먼저 얼면서 모든 것이 분리됩니다. 부드러운 상태를 유지하려면 계속 저어 줘야 합니다. 그래서 흔드는 것입니다!

큰 아이스크림 그릇 1개나 작은 그릇 2개 분량

말도 안 돼!
진짜 맛있어!
누워서 떡 먹기
30분 이하
집에 있는 재료
5,000원 이하
안전

재료 :

지퍼백 4리터짜리를 채울 만큼의 얼음
꽃소금 6큰술(100g)과 한 꼬집
설탕 1큰술(15g)
생크림 1/2컵(120ml)
초콜릿 시럽 2큰술(30ml)(원하면)
좋아하는 농축액 1/2작은술 :
    바닐라, 딸기, 메이플이나 민트

지퍼백 4리터짜리 1개
넓은 볼
지퍼백 작은 것 1개
행주나 수건(원하면)

실험 순서 :

얼음을 더 차갑게 만들기

1. 큰 지퍼백에 얼음을 반쯤 채운다.
2. 소금을 6큰술(10g) 넣고 지퍼백을 흔들어서 소금을 얼음에 골고루 묻힌다. 아이스크림 재료를 섞는 동안 지퍼백이 넘어지지 않도록 볼 안에 넣어 둔다.

아이스크림 재료 넣기

1. 생크림, 초콜릿 시럽(원하면), 설탕, 농축액, 소금 한 꼬집을 작은 지퍼백에 넣는다.
2. 지퍼백을 빈틈없이 잠근다. (아주 조금이라도 벌어지면 아이스크림은커녕 엉망진창이 된다)

신나게 흔들기!

1. 재료가 들은 작은 지퍼백을 얼음에 둘러싸이도록 큰 지퍼백 속에 밀어 넣는다.
2. 큰 지퍼백을 닫는다.
3. 원하면 수건으로 지퍼백을 감싼 다음 5분 동안 열심히 흔든다. 손이 시렵지 않다면 수건 없이 그냥 들고 흔들어도 된다! 아이스크림 만들기 올림픽(실제로는 없지만, 있다면 재밌겠죠?)에 나가려고 훈련을 받은 사람이 아니라면 몇 분만 흔들어도 팔이 아플 것이다. 친

구랑 번갈아서 하면 좋다.

맛있게 먹기!

1. 큰 지퍼백을 열고 완성된 아이스크림을 꺼낸다.
2. 작은 지퍼백에 묻은 소금과 물기를 닦아 낸다. 지퍼백을 열고 맛있게 먹는다!

왜 이런 걸까? 아이스크림은 얼음, 생크림, 공기로 이루어져 있습니다. 얼음은 아이스크림을 단단하게 만듭니다. 생크림은 맛을 책임집니다. 공기는 아이스크림을 부드럽게 만듭니다. 원리는 다음과 같습니다.

생크림, 설탕, 농축액을 섞은 반죽이 얼면 생크림 속 물이 얼음 결정이 되면서 재료가 액체에서 고체로 변합니다. 이때 얼음 결정의 크기가 부드러움의 정도를 결정합니다. 반죽을 흔들면 반죽에 생긴 얼음 결정이 작게 쪼개지면서 그 안에 공기를 가두게 됩니다. 작은 공기 주머니가 결정이 서로 달라붙지 못하도록 막고 그 결과 얼음처럼 딱딱해지지 않습니다. 대신 계속 흔들면 입안에서 살살 녹는 아이스크림이 완성됩니다. 반죽 안에 공기를 잡아 두면 아이스크림이 훨씬 폭신해지기 때문에 쉽게 떠먹거나 씹을 수 있습니다.

덧글 : 아이스크림을 만들기 전에 얼음에 소금을 뿌리는 이유는 그냥 얼음보다 훨씬 더 차가워지기 때문입니다. 소금이 녹으면서 주위의 열을 흡수하고, 어는점이 내려가 얼음이 녹으면서 주위의 열을 또 흡수하기 때문입니다. 아이스크림을 얼리려면 아이스크림 속 얼음보다 더 차가운 얼음으로 둘러싸야 합니다.

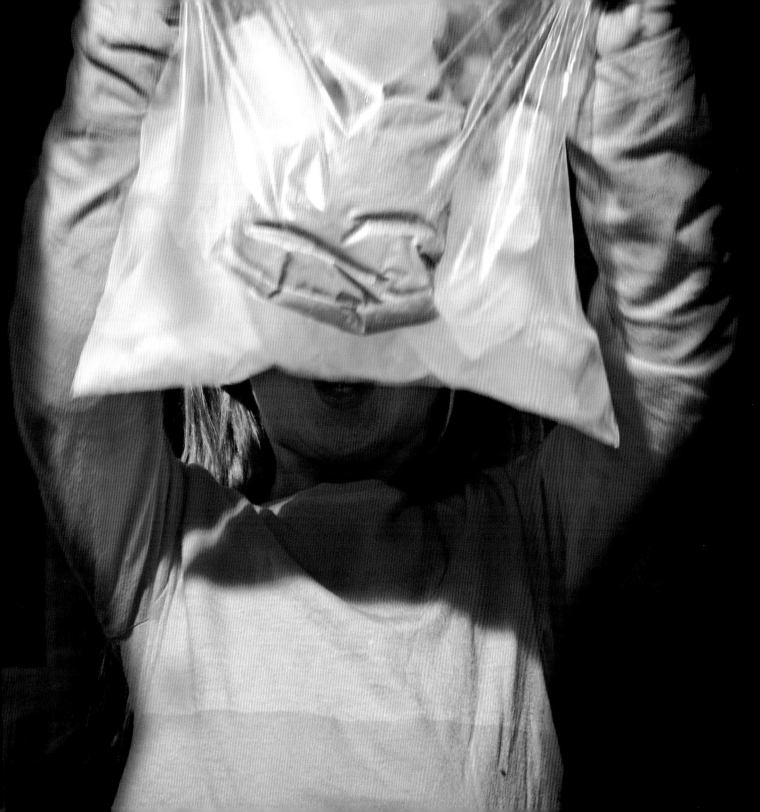

크림 없는 아이스크림

이 '아이스크림'에는 크림이 들어가지 않습니다. 다시 말해 유제품과 지방이 전혀 없다는 말입니다! 비밀 재료는 바나나입니다. 바나나는 에너지를 녹말 형태로 저장했다가 익으면서 당으로 변환합니다. 이 변화는 놀라울 정도입니다. 끝부분만 약간 초록색을 띠는 노란 바나나는 녹말이 25, 당이 1입니다. 하루나 이틀 정도 지나 껍질에 갈색 줄이 보이기 시작하면 모든 것이 바뀝니다. 이제 녹말이 1, 당이 20 정도입니다. 과육은 크림처럼 부드럽고 향기로우면서 완~전~히 단맛이 납니다!

2컵(480ml)

괜찮네

진짜 맛있어!

누워서 떡 먹기

30분 이하

집에 있는 재료

5,000원 이하

안전

재료 :

잘 익은 바나나(너무 익지 않은 것)
　껍질을 벗겨 대충 자른 다음 얼린 것 4개
계핏가루 한 꼬집
바닐라 농축액 1/2작은술

블렌더
고무 주걱
남은 것을 보관할 뚜껑 있는 용기

실험 순서 :

모든 재료를 넣고 뭉개기

1. 모든 재료를 블렌더에 넣고 부드러워질 때까지 간다.
2. 가장 느린 속도로 시작해서 가장 빠른 속도까지 돌린다.
3. 속도를 줄여 가면서 끄기 전에는 가장 낮은 속도로 마무리한다.

그리고 맛있게 먹기!

1. 고무 주걱으로 깔끔히 긁어내 그릇에 담은 다음 맛있게 먹는다!
2. 남은 것은 냉동고에 2시간 정도 보관이 가능하다. 2시간 정도가 지나면 딱딱하게 굳어져서 다시 블렌더로 갈아야 한다.

왜 이런 걸까? 덜 익은 바나나에 많이 들어 있는 녹말은 익으면서 당으로 바뀝니다. 동시에 과일 속 효소가 과일의 섬유질을 부드럽게 만듭니다. 얼은 바나나를 갈면 높은 당과 부드러운 질감 때문에 달콤하고 깊은 맛이 나는 아이스크림과 똑같아집니다.

달콤한 용암

설탕 시럽에 베이킹소다를 넣으면 가스가 나오면서 시럽이 솟구칩니다. 과학 대회에서 산-염기 반응(식초와 베이킹소다)을 이용해 화산 폭발을 재현하는 것과 같은 원리입니다. 보기에는 굳은 용암 같지만 사탕처럼 달콤 합니다.

노트 : 굳기 전에는 용암 같지 않지만, 매우 뜨겁기 때문에 조심해야 합니다. 베이킹소다를 넣으면 거품이 끓어오르 기 때문에 준비된 팬에 부을 때 손에 닿지 않도록 조심하세요. 일단 굳으면 손으로 만져도 됩니다.

약 455g

 조심! 어른이 도와주세요.

웬일!

진짜 맛있어!

도움이 필요해요!

30~60분

집에 있는 재료

5,000원 이하

주의

재료 :

오일 스프레이
설탕 1컵(200g)
갈색 옥수수 시럽 1컵(240ml)
화이트 식초 2큰술(30ml)
베이킹소다 1큰술(14g)

베이킹 팬 23x33cm 1개
쿠킹포일
중간 크기 편수 냄비
나무 주걱
요리용 온도계
오븐 장갑

실험 순서 :

팬 준비하기

1. 베이킹 팬에 쿠킹포일을 깐다.
2. 포일 위에 오일을 뿌린다.

불에서 익히기

1. 냄비에 설탕, 옥수수 시럽, 식초를 넣고 섞는다.
2. 중불에 올려 계속 저어 가면서 155도가 될 때까지 바글바글 끓인다. (온도계의 끝부분이 바닥에 닿지 않아야 정확한 온도를 잴 수 있다)

부글부글 거품 만들기

1. 냄비를 불에서 내려 냄비받침 위에 놓는다.
2. 베이킹소다를 넣고 젓는다. 순간적으로 거품이 솟아오를 것이다.
3. 준비된 팬에 내용물을 붓는다. 일부러 고르게 펼 필요는 없다. 잘못하면 가스가 빠져나가 푹 꺼진다. 내용물이 팬 가장자리까지 가지 않는다고 걱정할 필요는 없다.
4. 단단해질 때까지 약 30분간 식힌다. 한입 크기로 부서서 맛있게 먹는다!

왜 이런 걸까? 화학적으로 모든 음식은 산성 아니면 염기성을 띱니다. 산성 음식은 액체에 녹으면 수소 이온 (H^+)을 내놓고, 염기성 음식은 수산화 이온(OH^-)을 내놓습니다.

실험에서 산성(식초)과 염기성(베이킹소다 또는 중탄산나트륨)을 섞으면 두 물질이 화학반응을 일으키면서 중성이 됩니다. 화학반응에서 나오는 부산물이 물, 초산나트륨(염), 이산화탄소입니다. 물은 증발하고 염은 남아 설탕의 달콤한 풍미과 균형을 이루고, 이산화탄소 기체는 진한 설탕 시럽에 갇혀서 거품을 만듭니다.

그 결과 수많은 거품으로 가득 찬 설탕 결정이 생기는 것입니다. 공기 방울이 설탕 시럽이 결정으로 변하는 것을 방해하기 때문에 씹었을 때의 질감은 캐러멜 사탕보다 스티로폼에 가깝습니다. 아작아작한 설탕과 풍선처럼 부풀어 있는 결정 구조가 섞여 있는 모습입니다. 한입 깨물면 종이처럼 얇은 결정 벽이 부서지면서 공기는 달아나고 거품이 꺼집니다. 쫀득쫀득한 스펀지 조각을 씹는 것 같지만, 45쪽 얼음 사탕처럼 단단한 결정 구조도 공존합니다. 공기의 놀라운 능력을 다시 한번 느낄 수 있을 것입니다!

톡톡 튀는 조약돌

톡톡 튀는 조약돌은 가게에서 파는 입속에서 톡톡 터지는 사탕과 비슷합니다. 이 사탕은 설탕 시럽 속에 이산화탄소를 넣어서 만듭니다. 시럽 안에 이산화탄소를 넣으려면 압력 챔버가 필요한데 집에는 없기 때문에 화학반응을 이용해야 합니다. 실험에서 만드는 조약돌 사탕은 시판 제품처럼 자극적이지는 않지만, 혀가 꽤 간질간질합니다. 이렇게 신기한 사탕을 직접 만들 수 있다니 대단하지 않나요?

약 3컵(600g)

 조심! 어른이 도와주세요.

재료 :

슈거 파우더 1컵(100g)
구연산(결정 시트르산) 2작은술(9g)
흰 설탕 2컵(400g)
흰색 옥수수 시럽 1/2컵(120㎖)
물 1/4컵(60㎖)
농축액 1/2작은술 :
   레몬, 바닐라, 계피, 라즈베리 등
베이킹소다 1작은술

테두리가 있는 베이킹 팬
중간 크기 편수 냄비
나무 주걱
요리용 붓과 물 한 잔
요리용 온도계
지퍼백 4리터짜리 1개
망치 또는 고기 망치[1]

말도 안 돼!

진짜 맛있어!

도움이 필요해요!

30~60분

마트에서 구매

5,000원 이하

주의

---

1 고기를 연하게 만들 때 두드리는 망치.

실험 순서:

팬 준비하기

1. 베이킹 팬에 슈거 파우더를 골고루 뿌린다.
2. 구연산 반을 그 위에 뿌린다.

불에서 익히기

1. 흰 설탕, 옥수수 시럽, 물, 남은 구연산을 냄비에 넣고 잘 섞는다.
2. 중불에 올려 계속 젓다가 내용물이 바글바글 끓기 시작하면 젓는 것을 멈춘다. **조심! 몸에 튀면 델 수 있다!**
3. 물에 담갔던 요리용 붓으로 냄비 가장자리에 붙은 설탕 시럽을 쓸어 넣어 설탕 결정을 모두 녹인다.
4. 온도계를 시럽 중앙에 넣고 150도가 될 때까지 젓지 않고 끓인다. (온도를 정확하게 재려면 온도계 끝부분이 바닥에 닿지 않도록 주의한다)

톡톡 튀게 만들기

1. 냄비를 불에서 내려 냄비받침 위에 둔다. 시럽이 약 135도 정도로 식을 때까지 3~5분간 기다린다.
2. 농축액과 베이킹소다를 넣고 젓는다. 순간적으로 거품이 끓어오를 것이다. 모든 재료가 잘 섞이도록 저어 준다.
3. 내용물을 준비된 베이킹 팬에 붓는다. 내용물을 고르게 펴지 않아도 된다. 자연스럽게 퍼져 나가게 둔다.

부수기!

1. 굳어서 만질 수 있을 때까지 약 30분간 둔다.
2. 굳은 사탕을 들고 대충 부순다. 지퍼백에 넣고 공기가 들어가지 않도록 잘 밀봉한다.
3. 망치나 고기 망치의 평평한 면으로 한입 크기로 잘게 부순다. (너무 잘게 부수지 않는다! 덩어리가 있어야지 가루가 되선 안 된다) 자 이제 먹을 준비 완료.
4. 남은 조약돌 사탕은 밀폐 용기에 넣어서 보관해야 톡톡 튀는 맛을 즐길 수 있다!

왜 이런 걸까? 사탕 안에 기체를 집어넣는 과학은 달달한 용암(55쪽)처럼 산-염기 반응에 기초합니다. 하지만 동시에 결정 과학도 관여합니다.

사탕을 만들 때 시럽을 끓이면서 온도 측정을 수시로 해야 합니다. 시럽의 온도로 내용물 안의 물과 설탕의 정확한 양을 측정할 수 있기 때문입니다.

물은 100도에서 끓습니다. 설탕을 물에 녹이면 끓는점이 더 높아집니다(물의 끓는점에 대한 내용은 아래 참조). 물에 탄 설탕의 함량이 많아질수록 끓는점이 높아지게 됩니다. 예를 들어 설탕 40% 물 60%의 혼합물이 101도에서 끓는다면, 설탕 80% 물 20%의 혼합물은 112도에서 끓습니다. 이렇게 설탕 시럽에 포함된 설탕의 양에 따라 끓는점이 달라진다는 것을 알 수 있습니다.

설탕 시럽을 끓이면 물은 증발합니다. 오래 끓이면 끓일수록 물이 줄어들고 설탕의 비율은 증가합니다. 이렇게 되면 계속 끓기 위해서 더 뜨거워져야 합니다(끓는점이 올라갑니다). 끓는점이 150도에 다다르면 설탕이 98% 물이 2%로 거의 설탕만 남게 됩니다.

이 시점에 설탕 결정이 시럽에 떨어지면 이것이 연쇄반응의 방아쇠가 돼서 얼음 사탕(45쪽)을 만들 때처럼 시럽 안의 모든 설탕이 결정으로 바뀌면서 고체가 됩니다. 그래서 물에 적신 붓으로 덜 녹은 설탕 결정을 시럽 안으로 밀어 넣어 주는 것입니다. 만일 고체화되기 일보 직전에 결정이 하나라도 떨어지면, 부드럽고 딱딱한 사탕이 아니라 울퉁불퉁한 결정으로 변할 겁니다.

물이 끓는 원리

물을 끓이면 처음에는 냄비 아랫부분의 물 분자가 따뜻해집니다. 더 뜨거워지면서 움직임이 빨라집니다. 빨라진 물 분자는 결국에 물 표면으로 떠오르고 상대적으로 더 차가운 물 분자는 아래로 내려갑니다. 내려간 물 분자는 다시 뜨거워지고 위로 떠오릅니다.

계속 끓이다 보면 뜨거워진 냄비 바닥의 물 분자는 증기로 바뀌는데, 증기는 물보다 밀도가 낮아 위로 떠오르고 물 표면이 빙빙 돌게 됩니다. 표면에서 일어나는 이 작은 움직임은 물이 77도에서 82도 사이라는 것을 나타냅니다.

증기가 많이 발생하면 물 표면이 갈라지면서 끓기 시작하는데 이때가 대략 88도 정도입니다. 거품이 파도처럼 일렁이면 약 99도로 본격적으로 끓는다고 말할 수 있습니다. 여기서 1~2도 정도가 올라가면 물 표면은 아주 격렬하게 움직이는데, 이것을 '물이 펄펄 끓는다'라고 합니다.

지팡이 사탕 접기

지팡이 사탕은 이미 구부러져 있기 때문에 좀 더 구부려도 별 상관없습니다. 흰 설탕과 옥수수 시럽으로 만드는 지팡이 사탕은 원하는 대로 얼마든지 구부렸다 폈다 할 수 있습니다. 기본적으로 둘 다 일반적인 자당(수크로스)인데 과당과 포도당 분자가 중합된 것입니다. 하지만 옥수수 시럽은 과당이 더 많아서 지팡이 사탕 속 설탕 결정은 서로 딱 들어맞지 않습니다. 이렇게 결정과 결정 사이에 공간이 있어서 부러지지 않고 구부리거나 움직일 수 있는 것입니다.

사탕 10개(원하면 더 만들 수 있어요!)

 조심! 어른이 도와주세요.

괜찮네

진짜 맛있어!

도움이 필요해요!

30분 이하

마트에서 구매

5,000원 이하

주의

재료:

지팡이 사탕 10개(원하면 더 준비)

쿠킹포일 3겹으로 접은 것
베이킹 팬
식힘망

실험 순서:

모든 재료 준비하기

1. 오븐을 120도로 예열한다.
2. 베이킹 팬에 쿠킹포일을 깐다.
3. 포일 위에 사탕을 서로 붙지 않게 놓는다.

지팡이 사탕 데우기

1. 오븐에 10분간 넣어 구부릴 수 있게 만든다.
2. 아이들이 만지기 전에 어른이 먼저 사탕을 만져 뜨겁지 않은지 확인한다. 약간 뜨거워서 (뜨거운 수돗물 정도) 잘 구부러질 정도면 된다.

신나게 놀기!

1. 준비가 되면 지팡이 사탕을 들고 신나게 논다! 잡아당겨 펴거나 원하는 모양으로 구부리거나 매듭을 짓거나 공 모양을 만들거나 원하는 대로 만든다.
2. 1분 내에 다시 굳기 때문에 신속하게 한다! 구부리거나 원하는 모양을 만드는 중이었다면 다시 오븐에 몇 분간 넣었다가 사용한다.

왜 이런 걸까? 얼음은 물 분자가 단단한 결정으로 변한 것입니다. 모두 동일한 분자이기 때문에 단단한 구조로 연결될 수 있습니다. 하지만 열을 가하면 분자가 움직이면서 분자 구조가 깨지고 얼음이 물로 변하는 것입니다.

이 실험도 같은 원리입니다. 하지만 얼음과 달리 지팡이 사탕의 분자는 동일하지 않습니다. 여러 가지 다른 모양의 분자 때문에 고체가 될 때 가지런한 결정이 아니라 뒤죽박죽 얽힌 형태로 굳어집니다. 사탕에 열을 가하면 액체가 되기 전에 분자가 비교적 자유롭게 움직일 수 있어서 다른 모양으로 늘어나고 구부릴 수 있습니다.

제3장
쿠키, 케이크 등 베이킹 실험

사람들은 종종 요리는 예술이고 베이킹은 과학이라고 말합니다. 말인즉슨 베이킹을 할 때는 정확한 계량과 정확한 순서를 따라야 하지만, 요리는 그렇지 않다는 뜻입니다. (스튜[1]를 만들 때 고기를 몇 십 그램 더 넣으면 고기가 더 들어간 스튜가 되지만, 베이킹할 때 베이킹소다를 한 작은술 더 넣으면 너무 심하게 부풀어 오릅니다!)

사실 대부분의 성공적인 베이킹은 과학적인 원리에 기초합니다. 그래서 베이킹 레시피는 작은 과학 실험에 비유할 수 있습니다. 잉글리쉬 머핀 같은 간단한 빵도 이스트가 살아 있는 생명체이고, 계속 살아 있어야 빵이 부푼다는 사실을 모르면 실패하기 십상입니다. 열이 공기를 팽창시킨다는 사실을 알아야 스펀지케이크를 제대로 구울 수 있고, 푸딩케이크가 구워지는 원리를 알아야 아래에 깔린 초콜릿 소스까지 제대로 즐길 수 있습니다.

이 장에서는 :

달 모양 쿠키

내가 만든 잉글리쉬 머핀

사라지는 페퍼민트 뻥튀기

살살 녹는 초콜릿 컵케이크

공기 빵빵 팝오버

겉과 속이 다른 푸딩케이크

40초 스펀지케이크

반전 브라우니

1 고기, 버터, 양념, 잘게 썬 야채를 넣고 뭉근히 익힌 음식.

달 모양 쿠키

웬일!

다 먹을 수 있어!

도움이 필요해요!

한나절

집에 있는 재료

5,000원 이하

불 사용

이 쿠키는 달의 위상 변화를 그려 놓은 옛날식 천문학 도표에서 영감을 얻었습니다. 매일매일 바뀌는 달의 모습을 관찰한 고대 과학자들은 달이 지구 주위를 공전한다는 사실을 알아냈습니다. 고대 과학자와 우리를 이어주는 이 쿠키는, 간단히 주석산과 베이킹소다를 이용하여 달의 위상을 표현합니다. 보통 케이크나 머핀, 비스킷을 구울 때 베이킹소다를 넣으면 부풀리는 역할을 하지만, 쿠키를 구울 때 넣으면 팽창제 외에 색을 내는 역할도 합니다.

쿠키 18개

 조심! 어른이 도와주세요.

재료 :

실온 상태의 버터 1/2컵(110g)

설탕 1컵(200g)

바닐라 농축액 1작은술(5ml)

소금 1/2작은술

큰 달걀 1개

표백하지 않은 다목적 밀가루 2 1/4컵(285g)
　 과 위에 뿌릴 여유분

주석산 1/2작은술

베이킹소다 1/2작은술

우유 2큰술(30ml)

베이킹 팬 2개

쿠킹포일, 유산지 또는 실리콘 패드

버터칼

계량컵과 계량스푼

믹싱볼 3개

전동 믹서기 또는 나무 주걱

고무 주걱

믹싱볼에 붙일 마스킹 테이프와 펜

나무 주걱

밀대

작은 스패츌러

실험 순서:

오븐 예열하고 팬 준비하기

1. 오븐을 180도로 예열한다.
2. 베이킹 팬 2개에 쿠킹포일이나 유산지 또는 실리콘 패드를 깐다.

쿠키 반죽을 두 가지 만들기

1. 버터를 잘게 잘라 볼에 넣고 설탕, 바닐라 농축액, 소금과 섞는다.
2. 전동 믹서기나 나무 주걱으로 부드러워질 때까지 섞는다.
3. 달걀을 넣고 잘 섞으면서 고무 주걱으로 가장자리에 묻은 것을 긁어 넣는다. 한쪽에 치워 둔다.
4. 포스트잇이나 마스킹 테이프에 '밝음', '어두움'이라고 쓴 것을 믹싱볼 2개에 붙인다(글씨 대신 빈 동그라미, 검은색으로 칠한 동그라미를 그려도 된다). 밝은색 반죽(달의 밝은 면을 나타냄)은 '밝음' 볼에, 어두운색 반죽(달의 어두운 면을 나타냄)은 '어두움' 볼에 넣을 것이다.
5. 밀가루 1컵과 2큰술(140g)을 각각의 볼에 넣는다. '밝음' 볼에는 주석산을, '어두움' 볼에는 베이킹소다를 넣는다.
6. 만들어 놓은 버터-설탕-달걀 반죽을 반씩 나누어 넣는다. 우유를 1큰술씩 넣고 깨끗한 나무 주걱으로 반죽이 잘 서면서 부드러워질 때까지 섞어 준다. 반죽이 너무 단단하게 선다면 손으로 몇 번 치대 준다.

반죽밀기

1. 쿠킹포일이나 유산지 또는 실리콘 패드를 2개 준비한다.
2. 각 시트 구석에 어두운색 반죽과 밝은색 반죽을 구별하는 표시를 한다.
3. 어두운색 반죽부터 시작한다. 작업대에 밀가루를 살짝 뿌리고 반죽을 꺼내 6mm 두께로 민다. 5~7.5cm 크기의 동그라미 커터로 반죽을 잘라 낸다. 달이 9개 나와야 한다.
4. 밝은색 반죽도 똑같이 9개를 준비한다.

달 만들기

1. 양쪽 쿠키에서 하나씩 가져와 반으로 자른다. 밝은색 반죽과 어두운색 반죽을 이음새가 보이지 않도록 살짝 눌러서 붙인다. (오븐에서 구워지는 동안 잘 달라붙기 때문에 떨어질 걱정은 안 해도 된다) 이렇게 하면 2개의 반반 쿠키가 생긴다. 작은 스패츌러로 떠서 준비된 베이킹 팬에 5cm 간격으로 놓는다.
2. 양쪽에서 쿠키를 2개씩 가져와 가장자리를 가늘게 자른 다음, 앞에서처럼 서로 다른 색 쿠키의 솔기를 이어 붙인다. 4개의 쿠키가 생긴다. 베이킹 팬에 옮긴다.
3. 양쪽에서 쿠키를 2개씩 가져와 1/4 크기로 자른 다음, 앞에서처럼 솔기를 이어 붙인다. 4개의 쿠키가 생긴다. 베이킹 팬에 옮긴다.

4. 양쪽에서 쿠키를 2개씩 가져와 1/3 크기로 자른 다음, 앞에서처럼 솔기를 이어 붙인다. 4개의 쿠키가 생긴다. 베이킹 팬에 옮긴다.

5. 남아 있는 각각의 쿠키 2개는(합쳐서 4개) 그대로 베이킹 팬에 옮긴다.

굽기

1. 오븐에 넣고 밝은색 반죽이 약간 밝은 갈색이 날 때까지 7분간 굽는다.
2. 오븐에서 꺼내 약 1분간 팬에 두었다가 식힘망으로 옮겨 상온에서 10분간 식힌다.
3. 달 위상을 배열한다. (달 주기 2세트가 나온다) 달을 맛있게 먹는다!

왜 이런 걸까? 주석산은 산성입니다. 산성은 갈변을 막는 성질이 있습니다. 베이킹소다는 염기성입니다. 염기성은 산성을 중화합니다. 반죽을 반으로 나누어 하나에는 베이킹소다를, 다른 하나에는 주석산을 넣으면 반죽 하나는 갈색으로 구워지고 다른 하나는 갈색이 나지 않습니다. 그래서 각각의 반죽을 이어 붙여 달의 위상을 나타내는 쿠키를 구울 수 있는 것입니다.

사라지는 페퍼민트 뻥튀기

입에서 녹아 버리는 이 쿠키의 이름은 머랭입니다. 머랭은 달걀흰자, 설탕, 공기로 이루어져 있습니다. 다른 쿠키처럼 달고 맛있는 건 비슷해 보이지만, 공기로 가득 찬 달콤한 껍질 아래에 숨은 무언가가 있습니다. 입안에 넣으면 페퍼민트 향과 함께 펑하고 사라집니다! 머랭은 안에 들어가는 재료로 유명한 것이 아니라, 들어가지 않는 재료 때문에 유명합니다. 머랭에는 밀가루가 들어가지 않습니다. 밀가루는 대부분의 쿠키에서 케이크처럼 씹는 맛과 보슬보슬한 느낌을 주는 주재료입니다. 하지만 밀가루는 입에서 녹지 않기 때문에 밀가루 없이 굽는 머랭이 특별한 것입니다.

쿠키 24개

괜찮네

진짜 맛있어!

예습 필요

한나절

집에 있는 재료

5,000원 이하

안전

재료:

달걀 큰 것 2개
슈거 파우더 1컵(100g)
주석산 1/8작은술(원하면)
페퍼민트 농축액 1/8작은술
잘게 쪼갠 지팡이 사탕 1개
   또는 페퍼민트 사탕 4개

베이킹 팬
유산지
거품기가 달린 스탠딩 믹서 :
   아주 깨끗한 상태여야 함

달걀을 분리해서 놓아 둘 작은 그릇 몇 개
달걀노른자를 보관할 밀폐 용기
쿠킹포일
고운 체
스프용 숟가락
작은 숟가락
1리터짜리 지퍼백
망치 또는 고기용 망치

실험 순서:

준비하기
1. 오븐을 80도로 예열한다.
2. 베이킹 팬에 유산지를 깐다.
3. 스탠드 믹서에 달린 믹싱볼이 완전히 깨끗한지 살펴본다. 기름기가 묻어 있으면 쿠키가 부풀지 않기 때문에 잘 확인한다.

달걀 분리하기
(노트 : 생각보다 까다로운 작업이라 어른의 도움이 필요함)
1. 작은 믹싱볼의 모서리에 달걀을 친다. 완전히 부수는 게 아니라 금만 가면 된다.
2. 그릇 위에서 한 손을 손가락이 위로 가게 오므린다. 달걀을 쪼개서 구부린 손 위에 붓는다.
3. 손가락을 천천히 편다. 손가락 사이로 흰자가 빠져나가 그릇 속으로 흐르고 노른자는 손바닥에 남게 한다. 만약 노른자가 깨졌다면 모아서 다른 용도(아침에 스크램블 에그로 활용)로 사용한다. 손을 깨끗이 씻고 처음부터 다시 한다.
4. 첫 달걀이 깨끗이 분리됐으면 흰자는 스탠드 믹서의 믹싱볼에 붓고, 노른자는 밀폐 용기에 보관한다. 나머지 달걀도 반복한다. 믹싱볼에 달걀노른자가 조금이라도 들어가면 안 된다! (흰자를 하나씩 작은 그릇에 분리해서 넣어야 전체를 망치지 않고 사용할 수 있다)
5. 남아 있는 노른자는 밀폐 용기에 담아 냉장 보관하고 다른 용도로 사용한다. 냉장고에서 3일간 보관이 가능하다.

설탕을 체에 내리기
1. 작업대 위에 쿠킹포일을 깐다.
2. 슈거 파우더를 체에 내려 덩어리를 걸러 낸다.

흰자 거품 내기
1. 스탠드 믹서에 거품기를 달고 믹싱볼에 주석산(사용하면)과 달걀흰자를 넣고 중간 속도로 거품이 올라올 때까지 돌린다. (주석산은 약산성으로 달걀 속 단백질이 더 빨리 굳고 오래 유지되도록 한다)
2. 믹서 속도를 중—강으로 올리고 달걀흰자가 단단하면서 여전히 부드러울 때(핸드크림 질감 정도)까지 돌린다.
3. 믹서를 계속 돌리면서 체에 내린 슈거 파우더를 한 번에 두 숟가락 가득 넣는다.
4. 설탕을 다 섞고 나면 페퍼민트 농축액을 넣는다. 반죽은 완전히 하얗고 부드러우면서 빛이 날 것이다.

쿠키 만들기

1. 작은 숟가락으로 반죽을 골프공 크기로 떠서 유산지 위에 놓는다. 서로 닿지 않을 정도로만 떼어 놓으면 된다.

사탕 부수기

1. 사탕을 지퍼백에 넣고 공기를 뺀 다음 밀봉한다.
2. 망치나 고기용 망치의 평평한 쪽으로 두드려서 거친 가루로 만든다.
3. 사탕가루를 쿠키 위에 뿌린다.

굽기

1. 예열한 오븐에 쿠키를 넣고 단단하고 마를 때까지 약 3시간가량 굽는다.
2. 오븐을 끄고 오븐 안에서 한 시간가량 둔다.
3. 꺼내서 맛있게 먹는다.

왜 이런 걸까? 달걀흰자의 주성분은 단백질과 물입니다. 달걀흰자를 치면 단백질 분자가 끈처럼 분리되면서 뭉치는데, 뭉치면서 생기는 미세한 단백질 거품이 그물망이 되어 공기와 물을 가둡니다. 흰자를 치면 칠수록 공기는 더 들어가고 거품은 점점 커집니다. 물은 거품 벽을 촉촉하고 잘 늘어나게 도와줍니다. 하지만 어느 시점에 이르면 벽은 더 이상 늘어나지 않습니다. 풍선이 한계에 다다르면 터지듯이 공기와 물이 흘러나오고 결국엔 모든 구조가 무너져 내립니다. 설탕을 넣으면 설탕이 물을 잡고 있어 이런 현상을 줄여 줍니다.

머랭을 만들 때 처음에는 설탕을 넣지 않고 달걀흰자만 치는데 이러면 단백질 줄기가 서로 뭉치면서 공기를 잡아 두게 됩니다. 달걀흰자가 공기로 가득 차고 물이 여전히 반죽을 부드럽게 유지할 때 설탕을 넣습니다. 설탕은 물과 결합해서 거품 벽을 촉촉하고 잘 늘어나게 만들어 거품이 터지지 않고 더 늘어나는 것입니다. 덕분에 정말 가벼운 머랭을 만들 수 있습니다.

머랭 쿠키는 밀가루가 들어가지 않기 때문에 바삭할 때까지 구울 필요가 없습니다. 대신에 잘 말리면 됩니다. 그래서 낮은 온도로 오래 굽는 것입니다. 단백질 거품은 공기를 잡고 있지만 물은 증발해 버려서, 마르고 바삭한 공기 방울 그물 구조만 남게 됩니다. 그래서 입안의 습기를 만나면 거짓말처럼 녹아 버립니다.

공기 빵빵 팝오버

팝오버는 바삭하고 부드러우면서 버터 풍미가 나는 속이 빈 갈색 빵입니다. 속에 그레이비 소스[3]나 딸기 잼 등을 채워 먹기도 합니다. 이렇게 맛있으면서 속이 빈 빵이 만들어지는 이유는 순수하게 과학적 원리 때문입니다. 팝오버 반죽은 밀가루, 달걀, 우유가 거의 같은 비율로 들어가는 크레페(종이처럼 얇은 프랑스 팬케이크) 반죽과 비슷합니다. 크레페는 얇은 껍질에 재료를 넣고 싸서 먹습니다. 팝오버는 반죽을 머핀 틀에 굽기 때문에 크레페와 달리 풍선 모양입니다. 오븐에서 팝오버를 구우면 모양이 조금씩 다른데, 머핀 팬 가장자리의 온도가 가운데보다 높기 때문에 부푸는 모양에 차이가 생기는 것입니다.

팝오버 8개

 조심! 어른이 도와주세요.

괜찮네

진짜 맛있어!

도움이 필요해요!

30~60분

집에 있는 재료

5,000원 이하

불 사용

재료 :

녹인 버터 3작은술(45g)
우유 1컵(240ml)
아주 큰 달걀 2개
설탕 1큰술(15g)
다목적 밀가루 1컵(125g)
소금 1/2작은술(무염 버터를 사용하면)
속재료 : 땅콩버터-딸기 잼, 으깬 바나나,
　　　떠먹는 젤리, 그레이비 소스, 과카몰레[4] 또는
　　　참치(원한다면)

머핀 틀
베이킹용 붓
전자레인지용 유리 계량컵
전자레인지
블렌더
오븐 장갑

실험 순서 :

오븐 예열하고 팬 데우기

1. 오븐을 200도로 예열한다.
2. 베이킹용 붓에 녹인 버터 1큰술을 묻혀 머핀 팬의 바닥과 옆면에 골고루 바른다. 반죽을 만드는 동안 적어도 5분 정도 오븐에 넣어 둔다.

반죽 만들기

1. 전자레인지용 그릇에 우유를 붓고 30초간 데운다.
2. 블렌더에 달걀과 설탕을 넣고 연한 노란색이 날 때까지 약 10초간 돌린다.
3. 따뜻한 우유를 넣고 돌린다.
4. 밀가루, 남은 버터, 소금(원한다면)을 넣고 반죽이 부드럽고 폭신한 느낌이 날 때까지 돌린다.

---

3 육류를 철판에 구울 때 생기는 국물에 후추, 소금, 캐러멜 따위를 넣어 조미한 소스. 쇠고기나 닭고기의 로스트에 곁들인다.
4 으깬 아보카도에 다진 토마토, 양파, 고수, 레몬 즙, 소금, 후추 등을 넣고 만든 멕시칸 소스

굽기

1. 오븐 장갑을 끼고 머핀 팬을 오븐에서 꺼낸다.
2. 팬이 식기 전에 서둘러서 반죽을 머핀 팬 높이의 2/3 정도 채운다.
3. 갈색이 나면서 부풀 때까지 30분 동안 굽는다.

관찰한 후 맛있게 먹기

1. 팬에서 팝오버를 조심스레 꺼낸다. 하나를 찢어 본다. (증기 조심!) 안에 무엇이 있을까? 예상한 대로 아무것도 없다.
2. 원하는 재료를 채워 넣고 맛있게 먹는다.

왜 이런 걸까? 블렌더로 반죽을 하면 반죽에 공기가 많이 들어갑니다. 공기를 머금은 반죽을 뜨거운 머핀 틀에 부으면 표면이 바로 굳으면서 공기를 가둡니다. 이때 열을 가하면 공기 방울이 팽창하면서 서로 부딪혀 풍선처럼 커다란 공간을 만들고 굳어집니다. 반죽을 넣을 때 머핀 팬이 뜨겁지 않으면 풍선은 생기지 않고 공기도 빠져나가 팝오버는 부풀지 않습니다!

대박!

진짜 맛있어!

도움이 필요해요!

30분 이하

집에 있는 재료

10,000원 이하

주의

40초 스펀지케이크

대부분의 케이크는 오븐에서 40분 이상 굽지만, 이 케이크는 40초면 끝입니다. 게다가 공기처럼 가볍습니다. 비법은 굽기 전에 휘핑기[5]로 반죽에 공기를 주입하고 오븐 대신에 전자레인지를 이용하는 겁니다.

휘핑기는 십만 원 정도로 가격이 꽤 나가지만, 하나 가지고 있으면 스펀지케이크를 구울 때도 사용하고 이런 독특한 케이크를 구울 때도 유용합니다. 휘핑기의 주목적은 휘핑크림을 만드는 것이지만, 유명 셰프들은 휘핑기로 전복에서 호박까지 특이한 재료의 거품을 만들기도 합니다.

케이크 4개

 조심! 어른이 도와주세요.

재료 :

무염 버터 6큰술(85g)

달걀 큰 것 4개

설탕 1/4컵(50g)

소금 1/4작은술

생크림 1/4컵(60㎖)

다목적 밀가루 1/2컵(100g)

무가당 코코아 파우더 1큰술(15g)

요리용 오일 스프레이

초콜릿 시럽 1/2컵(120㎖)

잘 익은 딸기 큰 것 4개

작은 편수 냄비

큰 믹싱볼

식힘망 큰 것(클수록 좋음)

휘핑기 500㎖ 용량

휘핑가스(아산화질소) 2개

종이컵 210㎖ 용량 4개

압정 1개

전자레인지

5 질소 가스 충전으로 순식간에 휘핑크림을 만드는 기계.

실험 순서:

버터 색깔 내기

1. 버터를 작은 냄비에 넣고 중불에 올린 다음 거품이 없어지고 버터가 갈색으로 변할 때까지 가끔씩 저으면서 약 5분간 끓인다. 열에서 내려 식힌다.

케이크 반죽 만들기

1. 큰 믹싱볼에 달걀, 설탕, 소금을 넣는다. 손 거품기로 재료가 단단해지면서 진한 노란색이 연한 노란색으로 변할 때까지 열심히 젓는다.
2. 생크림을 넣고 섞은 다음, 밀가루, 코코아 가루, 갈색 낸 버터 순으로 넣고 부드럽고 완전히 섞일 때까지 젓는다.

반죽에 공기 넣기

1. 휘핑기에 반죽을 넣고 설명서에 따라 휘핑가스(이산화탄소가 아니라 아산화질소)를 끼운다.
2. 휘핑기를 들고 팔이 아플 때까지 아주 세게 흔든다.

케이크 '굽기'

1. 압정으로 종이컵 4개의 가장자리에 구멍을 3개씩 뚫는다. 컵 안쪽에 오일 스프레이를 뿌린다.
2. 휘핑기를 거꾸로 들고 컵에 반죽을 짠다. 둥글게 돌려가면서 1/3이 넘는 높이까지 고르게 짠다.
3. 종이컵을 전자레인지에 넣고 40초가량 돌린다. 또는 케이크가 컵 위까지 부풀어 오를 때까지 돌린다.
4. 접시에 종이컵을 뒤집어 놓고 1분 정도 둔다. 다른 컵에도 반죽을 채운 다음 한 번에 하나씩 굽는다. 다 구우면 컵을 벗겨 내고 버린다.
5. 초콜릿 시럽을 케이크 위에 뿌리고 딸기를 곁들여 낸다.
6. 바로 먹는다.

 왜 이런 걸까? 뜨거운 기체는 재료를 부풀게 합니다. 이스트나 베이킹파우더를 반죽에 넣으면 생기는 이산화탄소나 거품을 낸 달걀흰자를 반죽에 섞을 때 들어가는 공기가 그런 역할을 합니다. 실험에서는 휘핑기의 압력으로 억지로 기체를 주입합니다.

만약에 탄산수 제조기를 가지고 있다면 이산화탄소(CO_2)를 주입해서 탄산수를 만들 수 있습니다. 이 케이크는 휘핑크림을 만들 때 사용하는 아산화질소(N_2O)를 사용합니다. 아산화질소는 지방에 녹아서(이산화탄소는 녹지 않는다), 아산화질소 휘핑기로 케이크 반죽을 만들면 수천 개의 공기 방울이 반죽에 스며들게 됩니다. 전자레인지에서 공기 방울이 뜨거워지면서 점점 커지고 케이크가 부풀게 되는 것입니다. 기체가 식어서 수축하면 케이크도 살짝 내려앉게 됩니다.

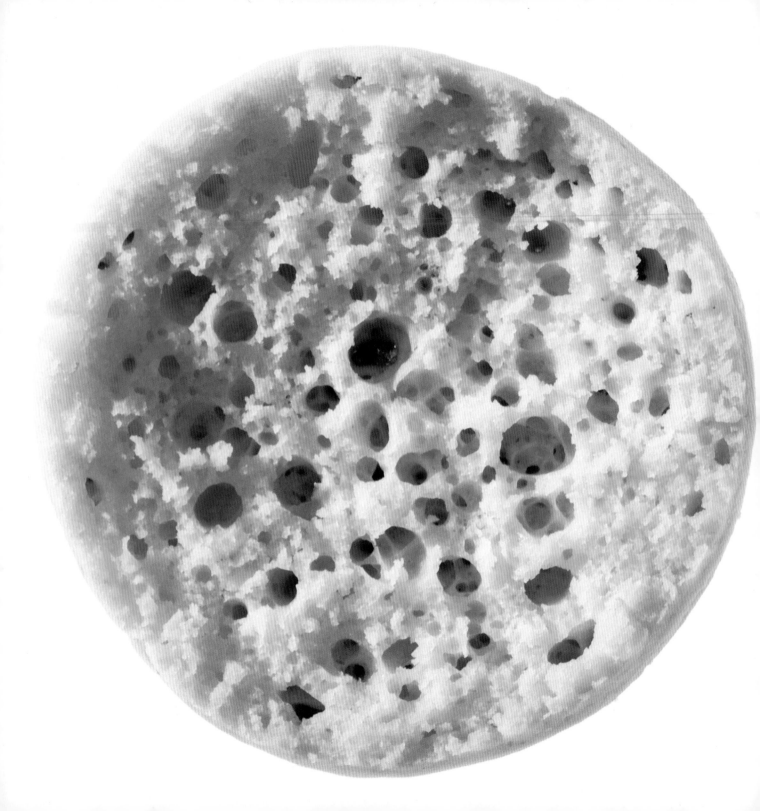

내가 만든 잉글리쉬 머핀

사람들은 대부분 잉글리쉬 머핀은 가게에서 사야 하는 걸로 알고 있습니다. 하지만 공장에서 대량생산을 하기 전에는 집에서 구워 먹었습니다. 이유는 간단합니다. 다른 빵에 비해 쉽고 빠르게 만들 수 있기 때문입니다.

말도 안 돼!

진짜 맛있어!

도움이 필요해요!

30~60분

마트에서 구매

5,000원 이하

주의

머핀 8개

 조심! 어른이 도와주세요.

재료 :

드라이 이스트 2 1/4작은술(7g)
설탕 20g과 이스트에 넣을 한 꼬집 더
따뜻한 물 1 1/3컵(315ml)
뜨거운 물 1컵(240ml)
분유 1/2컵(35g)
소금 1작은술
식물성 쇼트닝,
　크리스코 같은 것 1큰술(15g)
다목적 밀가루 2컵(225g)
오일 스프레이
버터와 잼 넉넉히

큰 믹싱볼
나무 주걱
깨끗한 행주 또는 비닐 랩
번철[6]
7.5cm 크기의 머핀 링 4개 또는 위 아래 뚜
　껑을 제거한 참치 캔(아랫부분에 솔기가
　있는 캔을 사용. 바닥과 몸통이 이어진
　캔은 캔 따개로 제거하기 힘들다)
베이킹 팬
오븐 장갑
스패츌러 또는 요리용 집게
식힘망
포크

---

6 전을 지지거나 고기를 볶을 때 사용하는 무쇠 그릇.

실험 순서:

이스트 활성화하기

1. 믹싱볼에 따뜻한 물과 이스트, 설탕 한 꼬집을 넣고 섞어 준다.
2. 이스트에서 거품이 약간 보이고 특유의 냄새가 날 때까지 약 5분간 둔다.

반죽 만들기

1. 이스트가 든 믹싱볼에 뜨거운 물, 분유, 설탕 4큰술, 소금 1/2작은술, 쇼트닝을 넣는다.
2. 쇼트닝이 다 녹을 때까지 젓는다.
3. 밀가루를 넣고 나무 주걱으로 100번 정도 젓는다. (아직 힘들진 않죠?)
4. 깨끗한 행주 또는 비닐 랩을 씌운 다음 약 30분 동안 반죽이 부풀고 공기 방울이 생기도록 둔다.

익히기

1. 남아 있는 소금 1/2작은술을 섞는다.
2. 번철을 중불에 올리고 오일을 뿌린다.
3. 머핀 링 안에도 오일을 뿌리고 번철 위에 둔다.
4. 각각의 링 안에 반죽을 1/2컵(120㎖)씩 채운 다음 베이킹 팬으로 덮는다.
5. 머핀 바닥이 갈색이 되면서 반죽이 어느 정도 굳을 때까지 약 5분간 둔다.
6. 오븐 장갑을 끼고 덮어 놓은 베이킹 팬을 치운다. 머핀 링을 스패츌러나 집게로 뒤집는다. 다시 베이킹 팬을 덮고 갈색이 날 때까지 5분간 굽는다.
7. 오븐 장갑을 끼거나 집게로 머핀 링을 식힘망으로 옮긴다. 조심해서 링을 제거한다. (반드시 어른이 하도록 한다!) 링에 오일을 다시 바르고 남아 있는 반죽을 굽는다.

먹기

1. 포크로 머핀을 쪼갠다.
2. 토스트해서 버터와 잼을 발라 먹는다.

 왜 이런 걸까? 버터가 쏙쏙 잘 스며들어 맛있는 잉글리쉬 머핀이 어떻게 만들어지는지 궁금하죠? 비결은 글루텐(빵에서 쫀득하게 씹히는 식감)과 이스트의 만남 때문입니다. 글루텐은 밀가루에 들어 있는 단백질인 글루테닌과 글리아딘이 물을 매개로 결합하면서 생깁니다. 밀가루에 글루텐이 생기기 전까지는 전혀 늘어나지 않습니다.

이스트는 반죽 속 설탕을 먹는 아주 작은 균입니다. 우리가 숨을 쉬는 것처럼 산소를 마시고 이산화탄소를 내뱉습니다. 폭신하면서 쫀득한 잉글리쉬 머핀을 구우려면 글루텐(왜 100번씩이나 젓는지 이해할 겁니다)을 만들고 이스트가 잘 자랄 수 있도록 이스트가 좋아하는 따뜻하고 촉촉하고 영양가 있는 반죽을 제공하면 됩니다.

살살 녹는 초콜릿 컵케이크

말도 안 돼!

진짜 맛있어!

도움이 필요해요!

30분 이하

집에 있는 재료

10,000원 이하

주의

통제 불능 컵케이크에서 흘러내리는 달콤한 마그마는 다크 초콜릿 무스입니다. 딱 15분만 구우면 됩니다. 시간을 정확하게 지켜야지 그렇지 않으면 캐러멜처럼 굳어 버립니다. 그리고 아주 빨리 먹어야 합니다. 서둘지 않으면 부드러운 가운데 부분이 진짜 마그마처럼 딱딱하게 굳어 버립니다.

컵케이크 12개

 조심! 어른이 도와주세요.

재료 :

팬에 바를 오일 스프레이 또는 약간의 밀가루
1큰술 크기로 자른 무염 버터 1컵(220g)
잘게 자른 다크 초콜릿 230g
설탕 3/4컵(150g)
바닐라 농축액 1/2작은술
달걀 큰 것 7개 풀어서 준비
소금 한 꼬집
다목적 밀가루 7큰술(55g)

머핀 팬(종이 머핀컵으로 구우면 잘 안 됨)
넓고 바닥이 두꺼운 편수 냄비
나무 주걱
식힘망
과도

실험 순서 :

오븐과 팬 예열하기

1. 오븐을 165도로 예열한다.
2. 머핀 팬 안에 오일을 뿌리거나 밀가루를 묻힌다.

반죽 만들기

1. 냄비에 버터를 넣고 중불에 올려 반쯤 녹을 때까지 둔다. 갈색이 되지 않도록 계속 저어 준다.
2. 초콜릿을 넣고 계속 저으면서 반쯤 녹인다.
3. 불에서 내려 초콜릿이 다 녹아 부드러워질 때까지 계속해서 젓는다.
4. 설탕, 바닐라 농축액, 달걀, 소금을 넣고 부드럽게 섞일 때까지 젓는다.
5. 밀가루를 넣고 밀가루가 보이지 않을 정도만 섞는다.

컵케이크 만들기

1. 머핀 틀에 반죽을 3/4 정도 채운다.
2. 가운데는 아직 촉촉하고 가라앉은 상태이면서 가장자리만 굳을 때까지 약 15분간 굽는다.

너무 오래 구우면 안 된다! 아직 덜 익은 것 같지만 상관없다. 너무 많이 구우면 하키 퍽[7]처럼 된다.

맛있게 먹기

1. 식힘망으로 옮겨 약 3분간 식힌다. 3분을 넘기지 않도록 한다. 칼로 머핀 틀의 가장자리를 돌려 케이크를 조심스레 꺼낸다.
2. 뜨거울 때 먹는다. 입을 데지 않도록 조심한다. 그렇다고 너무 오래 기다리면 가운데가 굳어 버리므로 주의한다.

 왜 이런 걸까? 만일 밀가루가 30% 정도 들어가는 일반 컵케이크 레시피로 구웠다면, 가운데 부분은 안 익은 반죽을 먹는 느낌일 것입니다. 하지만 이 컵케이크는 밀가루가 2%밖에 들어가지 않아 케이크라기보다는 푸딩에 가깝습니다. 그래서 주르륵 흐르는 가운데 부분이 진한 크림처럼 부드러우면서 맛있습니다!

또 하나, 맛을 좌우하는 요소는 지방입니다. 밀가루는 익히면 굳어 버립니다. 하지만 지방이 많이 들어간 반죽을 익히면 주르륵 흐릅니다. 일반적인 밀가루 반죽은 밀가루가 30%, 지방이 12% 정도입니다. 이 레시피는 지방이 30% 정도 됩니다. 그래서 가장자리는 굳지만(팝오버와 비슷) 가운데는 촉촉한 액체 상태가 되는 것입니다.

---

7 아이스하키에서 공처럼 치는 고무 원반.

겉과 속이 다른 푸딩케이크

푸딩케이크는 특이합니다. 케이크 반죽 위에 시럽을 뿌리고 굽는데 오븐에서 반죽이 시럽을 뚫고 부풀게 됩니다(어쩌면 시럽이 반죽 아래로 가라앉는 것일지도…). 이런 변화 때문에 위에는 브라우니가 아래는 초콜릿 푸딩이 생기는 것입니다. 그래서 숟가락으로 아래 깔려 있는 푸딩을 함께 떠서 먹어야 합니다.

8인분

 조심! 어른이 도와주세요.

재료 :

팬에 바를 버터
다목적 밀가루 1컵(125g)
베이킹파우더 2작은술(7g)
베이킹소다 1/2작은술
소금 1/4작은술
흰 설탕 1컵(220g)
계핏가루 한 꼬집
무가당 코코아 가루 1/2컵(50g)
우유 1/2컵(120ml)

바닐라 농축액 1작은술(5ml)
식물성 기름 1/4컵(60ml)
흑설탕 1/2컵(100g)
과일 주스(오렌지, 사과, 포도 등) 1/4컵(60ml)
끓는 물 3/4컵(180ml)

베이킹 팬 20x20cm
넓은 믹싱볼
나무 주걱
식힘망

웬일!

진짜 맛있어!

도움이 필요해요!

30~60분

집에 있는 재료

5,000원 이하

불 사용

실험 순서:

오븐 예열하고 베이킹 팬 준비하기

1. 오븐을 180도로 예열한다.
2. 베이킹 팬에 버터를 바른다.

반죽 섞기

1. 넓은 볼에 밀가루, 베이킹파우더, 소금, 설탕 3/4컵(150g), 계핏가루, 코코아 가루 1/4컵(25g)을 넣고 섞는다.
2. 여기에 우유, 바닐라 농축액, 기름을 넣고 반죽이 걸쭉할 때까지 젓는다.
3. 반죽을 준비한 팬에 붓고 평평하게 만든다. 그 위에 흑설탕, 남아 있는 코코아 가루 1/4컵(25g)과 흰 설탕 1/4컵(50g)을 뿌린다.
4. 과일 주스와 끓는 물을 붓는다.

굽기

1. 팬을 오븐에 넣고 가장자리가 굳고 윗부분이 부드러우면서 거품이 올라올 때까지 약 30분간 굽는다. 오븐에서 꺼낸다.
2. 팬을 식힘망에서 10분 정도 식힌 다음, 자르거나 떠서 낸다.

 왜 이런 걸까? 베이킹파우더는 베이킹소다(염기성)에 마른 산성염을 넣어서 만듭니다. 베이킹파우더가 젖으면 염기와 산이 섞이면서 반응을 일으켜 이산화탄소가 소량 나옵니다. 오븐에 케이크를 넣어 열이 생기면 산성 물질이 더 강해지면서 베이킹소다와 다시 반응해 더 많은 기체가 발생하고, 케이크 안은 엄청난 양의 거품으로 가득 찹니다. 이렇게 되면 반죽은 위에 부은 뜨거운 물보다 가벼워져서 물을 뚫고 올라오게 됩니다. 무거운 물이 아래로 가라앉으면서 반죽 속에 있는 설탕을 끌고 내려가 맛있고 달콤한 푸딩이 생기는 것입니다.

괜찮네

진짜 맛있어!

도움이 필요해요!

30~60분

집에 있는 재료

5,000원 이하

주의

반전 브라우니

이 브라우니는 우리가 흔히 먹는 통통하고 폭신한 브라우니와 달리 종이처럼 얇고 바삭거립니다.

예전에 브라우니를 구워 본 적 있다면 왜 팬에 버터를 바르지 않는지 궁금할 것입니다. 밀가루와 버터의 비율이 미묘하게 균형을 이루고 있어 지방이 조금만 더 들어가도 반죽이 분리됩니다. 하지만 걱정하지 마세요. 절대 팬에 달라붙지 않습니다.

브라우니 쿠키 24개

 조심! 어른이 도와주세요.

재료 :

무염 버터 1/2컵(110g)
잘게 자른 무가당 초콜릿 30g
설탕 1/2컵(100g)
바닐라 농축액 1/4작은술
달걀 큰 것 1개
다목적 밀가루 1/3컵(40g)
갈은 피칸, 아몬드 또는 호두 1/2컵(60g)

테두리가 있는 베이킹 팬
큰 편수 냄비
식힘망

실험 순서 :

오븐 예열하기

1. 오븐을 190도로 예열한다.

반죽 만들기

1. 냄비에 버터를 넣고 중불에 올린 다음 녹인다.
2. 여기에 초콜릿을 넣는다. 불에서 내려 저어 가면서 초콜릿을 녹인다.
3. 설탕, 바닐라 농축액, 달걀을 넣고 부드러워질 때까지 젓는다.
4. 밀가루를 넣고 잘 섞어 준다.

구운 다음 신나게 먹기!

1. 반죽을 베이킹 팬에 붓는다. 팬을 앞뒤로 움직이면서 얇고 고르게 펴 준다.
2. 갈은 견과류를 위에 뿌린다.
3. 반죽이 굳을 때까지 약 10분간 굽는다.
4. 오븐에서 꺼내 식힘망으로 옮겨 바삭해질 때까지 약 20분간 둔다.
5. 24개 정도로 대충 조각을 낸 다음(피넛 브리틀**8**처럼), 오도독 깨물어 먹는다.

8 호두나 땅콩 등을 섞어서 만드는 사탕과자.

왜 이런 걸까? 모든 쿠기와 케이크는 밀가루, 설탕, 버터(또는 쇼트닝), 달걀, 우유 같은 기본 재료가 들어갑니다. 재료들의 비율에 따라 파운드케이크, 스펀지케이크, 머핀, 컵케이크, 비스킷, 팬케이크, 팝오버, 쿠키, 파이 껍질, 도넛(또 있나요?)이 되거나 못 먹는 덩어리가 되기도 합니다.

실험에서는 전통적인 브라우니에 들어가는 재료의 비율을 바꿔서 납작하고 바삭한 '브라우니 쿠키'를 만들었습니다. 밀가루(반죽을 케이크처럼 두껍게 만들어 줌)와 달걀(쫀득한 브라우니를 만들어 줌)을 줄이고 버터와 초콜릿, 설탕(반죽을 얇게 만들어 줌)을 늘렸습니다. 이런 변화를 주어도 질감만 다를 뿐 진한 초콜릿 풍미는 여전합니다.

향은 디저트의 종류(초콜릿, 바닐라, 딸기 쿠키인지)를 구분 짓는 요소입니다. 하지만 향은 표면적인 요소일 뿐입니다. 다른 재료의 비율을 똑같이 유지하면서 원하는 향을 케이크나 쿠키에 첨가할 수 있습니다. 심지어 베이컨이나 고추를 넣어 맛을 바꿀 수는 있어도 모양이나 질감은 변하지 않습니다.

제4장
과일, 야채 실험

우리가 먹는 과일이나 야채는 식물의 일부분입니다. 어떨 때는 뿌리를 먹기도 하고 어떨 때는 꽃이나 잎, 씨나 줄기를 먹기도 합니다.

당근을 포함해서 비트, 순무, 고구마, 래디쉬, 파스닙,[1] 샐러리 뿌리, 루타베가[2] 등은 식물의 뿌리입니다. 샐러리, 회향,[3] 아스파라거스, 브로콜리 줄기, 루밥[4](과일로 착각하는 사람도 있지만 자세히 보면 식물의 줄기이다)은 식물의 줄기입니다. 감자는 덩이줄기라고 부르는 땅속 줄기입니다. 마늘과 양파는 땅속에 다육의 잎이 밀집한 비늘줄기입니다. 시금치, 양배추, 케일, 양상추, 파슬리, 아루굴라는 식물의 잎사귀입니다.

견과류와 콩은 우리가 흔히 먹는 씨앗입니다. 땅콩, 완두콩, 병아리콩, 렌즈콩, 깍지완두, 리마콩 등은 씨앗 채소입니다. 식물의 씨와 이를 감싸고 있는 과육을 합쳐 과일이라고 부릅니다. 사과, 딸기, 바나나 같이 어떤 과일은 단맛이 나고 후추, 호박, 가지 같은 과일은 달지 않습니다. 우리는 단 과일을 '과일'이라고 하고 달지 않은 과일을 '채소'라고 부르지만 따지고 보면 모두 과일입니다. 드물지만 브로콜리, 콜리플라워, 아티쵸크, 호박꽃처럼 꽃을 먹는 채소도 있습니다.

이 장에서는 :

---

1 설탕당근이라고 한다. 당근과 비슷하게 생겼지만 하얗고 요리를 했을 때 훨씬 더 달다.
2 순무의 일종으로 뿌리가 황색이다.
3 향이 강한 향채소 중의 하나. 펜넬이라고 한다.
4 줄기가 붉은빛이 나는 채소. 주스, 아이스크림, 파이 등을 만들어 먹는다.

말도 안 돼!

다 먹을 수 있어!

도움이 필요해요!

며칠

마트에서 구매

10,000원 이하

주의

DIY 사워크라우트

양배추와 사워크라우트의 차이점은 소금과 시간입니다. 이 실험과 다음 실험에서는 유익한 박테리아의 활동으로 염장한 채소가 놀라울 정도로 맛있게 변하는 발효에 대해 배울 것입니다. 박테리아가 활동하기 좋게 환경을 맞추어 주면 나머지는 알아서 합니다. 혹시 여러분의 음식에서 박테리아가 자라는 게 걱정되나요? 그런 걱정을 하는 사람이 꽤 됩니다. 하지만 아주 소수의 박테리아만이 유해하고, 그런 박테리아는 소금이 많은 곳에서는 살 수 없습니다. 사워크라우트에 충분한 소금을 치면 여러분이 음식을 소화하는 데 도움을 주는 유익한 박테리아만 살아서 활동합니다.

3리터 분량

 조심! 어른이 도와주세요.

재료 :

1.4kg 정도의 양배추 2개
굵은 소금이나 꽃소금 1/4컵(50g)

채소용 칼
푸드 프로세서
저장 용기로 쓸 큰 도자기
도자기 그릇 속에 들어갈 크기의 접시
1리터짜리 유기 용기에 물을 담아
　　뚜껑을 닫아 준비

실험 순서 :

양배추 자르기

1. 양배추 잎이 찢어지거나 시들고 색이 변한 것은 떼어 버리고 부러지지 않는 딱딱한 부분은 따로 모아 둔다.
2. 양배추와 딱딱한 잎사귀를 차가운 물에 여러 번 씻는다. 손도 깨끗이 씻는다.
3. 양배추를 세로로 자른 뒤 심을 제거한다. 푸드 프로세서 입구에 들어갈 정도의 크기로 대충 자른다.
4. 늘 사용하는 칼날을 제거하고 채썰기 원반으로 바꿔 낀다. 프로세서를 켜고 방망이로 양배추를 밀어 넣는다. (까다로운 작업이기 때문에 어른이 하도록 한다)
5. 양배추가 가득 차면 프로세서를 끄고 채 썬 양배추를 저장 용기에 담는다.

소금과 섞기

1. 양배추를 넣은 저장 용기에 소금을 넣는다. 양배추가 부드럽게 접히면서 물기가 베어 나올 때까지 (깨끗한) 손으로 섞는다.

2. 국물에 양배추가 잠길 때까지 누른다.

3. 남겨 놓은 딱딱한 잎사귀로 덮는다.

4. 접시로 잎사귀를 덮는다. 물을 채워 놓은 유리병을 그 위에 얹어 양배추가 국물에 잠기게 한다.

발효하기

1. 저장 용기를 20~22도 사이의 실온에 보관한다. 곰팡이가 피지 않는지 매일 관찰한다. 곰팡이가 피면 버리고 새로 만든다. 5~7일 정도 지나면 거품이 올라오는데, 양배추가 소금물에 잠겨 있다면 상관없다.

2. 저장 용기를 조심스레 13도 정도 되는 더 시원한 곳으로 옮긴다. 지하실에 두거나 가을이나 초겨울 날씨면 밖에 두어도 된다.

맛보기

1. 약 2주가 지나면 사워크라우트는 시면서도 짠맛이 난다. 좀 더 신맛을 원하면 한 주 더 둔다. 발효는 온도에 따라 5주 정도 걸리기도 한다.

2. 원하는 신맛이 나면 먹기 시작한다! 큰 그릇이나 작은 그릇에 옮겨 담아 보관한다. 뚜껑을 잘 닫아 냉장 보관하면 일 년 정도 보관 가능하다.

왜 이런 걸까? 사워크라우트는 만들기 쉽습니다. 양배추와 소금을 섞어만 주면 나머지는 자연이 알아서 합니다. 하지만 그 일이 생각보다 복잡해서 "감사합니다"라고 말해야 할지도 모릅니다.

양배추를 포함한 대부분의 야채 안에는 엄청난 양의 미생물이 있습니다. (미생물이란 현미경으로만 볼 수 있는 아주 작은 생물을 말합니다) 몇몇 미생물은 온순해서 아무런 해도 끼치지 않습니다. 실험처럼 아주 짠 환경에서는 온순한 미생물이 부패와 질병을 일으키는 나쁜 미생물의 성장을 억제합니다. 천연 당류를 먹고 나쁜 미생물이 싫어하는 산과 이산화탄소를 만들어 내기 때문입니다.

사워크라우트가 거품이 나고 신맛이 나면 착한 미생물이 제대로 일을 하고 있다는 뜻입니다. 이렇게 되면 영양분을 보존하면서 상하지 않고 오래갑니다.

덧글 : 박테리아가 더럽다고 생각한다면. 세상에 존재하는 박테리아의 99%가 우리에게 이롭다는 사실을 알려주고 싶습니다. 실제로 피클이나 사워크라우트 속에 있는 젖산을 생산하는 박테리아(유산균)는 우리가 먹는 가장 건강하고 생산적인 박테리아입니다.

직접 담그는 피클

어떤 사람들은 신맛 나는 음식을 좋아하지만, 아닌 사람들도 있습니다. 신맛은 우리의 뇌에 조심하라는 신호를 보냅니다. 그도 그럴 것이 신맛 나는 덜 익은 과일이나 유해한 박테리아는 우리를 아프게 합니다. 하지만 유익한 박테리아나 피클에서 나는 신맛은 몸을 건강하게 합니다.

누구나 식초에 채소를 담가 피클을 만들 수 있습니다. 방법은 쉽지만 약간은 지루합니다. 여기에 발효 과정을 더하면 좀 더 재밌게 만들 수 있습니다. 피클을 발효하려면 오이를 7%의 소금 용액에 넣습니다. 바닷물보다 두 배 짠 농도입니다. 오로지 몸에 좋은 유산균만 그 농도에서 잘 자라기 때문에 발효 피클 또한 몸에 좋은 음식입니다.

약 1리터 분량

웬일!
진짜 맛있어!
누워서 떡 먹기
며칠
마트에서 구매
5,000원 이하
안전

재료 :

꽃소금 3큰술(35g)
씻어서 물기 제거한 작고
　단단한 피클용 오이 455g
마늘 4쪽, 큰 것은 반으로 잘라서 준비
검은 통후추 으깬 것 1/2작은술
마른 홍고추 부순 것(원하면)

유리 계량컵 큰 것
뚜껑이 있는 1리터짜리 유리병

실험 순서 :

소금물 준비하기

1. 계량컵에 뜨거운 수돗물 240ml와 소금을 넣고 녹을 때까지 잘 젓는다.
2. 완전히 녹으면 차가운 수돗물 240ml를 붓는다.

피클 만들기

1. 꽃이 달렸던 오이 끝부분을 잘라 낸다. 그 부분은 작고 거칠거칠한 상처가 있다. 되도록이면 조금만 잘라 낸다.
2. 오이를 세로로 넣는다. 꽉 채워 넣어야 소금물을 부었을 때 뜨지 않고 잘 잠긴다.
3. 오이 사이에 마늘을 넣는다. 후추와 마른 고추 부순 것(원한다면)을 위에 뿌린다.
4. 유리병 위에서 2.5cm 정도만 남기고 오이가 모두 잠기도록 소금물을 붓는다. (소금물이 남는다면 보관해 둔다. 발효가 진행되면 더 부어야 할 수도 있다)
5. 뚜껑을 덮지만 꽉 잠그지는 않는다.
6. 직사광선을 피해 18도 정도의 실온에서 약 일주일간 발효한다.

7. 피클이 발효되면 병 안에 이산화탄소 방울이 보인다. 곰팡이가 생기지 않았는지 매일 관찰한다. 만약 곰팡이가 폈다면 피클을 버리고 다시 만든다.

8. 소금물이 피클 아래로 내려가면 보관해 두었던 소금물을 더 붓는다.

9. 4일 후부터 맛 볼 수 있다. 입에 맞으면 냉장고에 넣어 발효를 늦춘다. 그래도 발효는 진행되지만 먹는 데는 지장이 없다.

왜 이런 걸까? 오이를 발효해 피클을 만들려면 소금물에 오이를 담가야 합니다. 이 소금물은 농도가 7% 정도로 바닷물의 두 배입니다. 류코노스톡 박테리아와 유산균만이 이런 농도에서 잘 자랍니다.

유익하든 유해하든 모든 박테리아가 자라면 산을 배출합니다. 오이가 소금물 안에 몸을 담그면 산을 내보내 소금물에서 신맛이 납니다. 소금물이 꽤 시어지면 류코노스톡 박테리아는 죽지만 유산균은 살아남습니다. 유산균은 우유를 요거트로 만드는 균입니다. 이 균은 치즈, 피클, 사워크라우트, 한국 김치, 일본 된장, 인도 라씨[5] 등 발효 음식을 만드는 데 중요한 역할을 합니다. 만약 프로바이오틱스가 들어 있는 음식이 얼마나 몸에 좋은지 들어 봤다면 유산균이 많이 들어 있는 음식을 먹었을 때 얻을 수 있는 이점에 대해서도 알고 있을 겁니다.

5 인도식 요거트 음료.

과일 가죽

    말랑하고 촉촉하면서 쪼개지기 쉬운 과일로 가죽처럼 질기고 잘 휘는 물질을 만들 수 있을까요? 아주 간단합니다. 블렌더와 오븐, 시간만 있으면 됩니다. 가죽은 많은 양의 튼튼한 섬유질로 이루어져 있습니다. 신선하고 잘 익은 과일 속에는 많은 섬유질이 물과 공기 속에 흩어져 있습니다. 우리가 과일을 깨물면 과일즙이 나오면서 (물이 나오고) 과육이 갈라집니다(공기가 방출). 물과 공기를 없애면 말랑말랑하면서 쫄깃거리는 과일 섬유질 가죽을 만들 수 있습니다.

약 230g 분량

 조심! 어른이 도와주세요.

재료 :

원하는 잘 익은 과일 570g :
    예를 들어 껍질을 벗기지 않은 중간 크기
    자두 10개, 씨를 제거하고 껍질째
    잘게 썬 중간 크기 복숭아 4개,
    씨를 제거하고 껍질째 잘게 썬 사과 큰 것 3
    개, 꼭지를 따서 잘게 썬 딸기 1리터,
    껍질을 벗기고 잘게 썬 중간 크기 바나나 2개,
    라즈베리나 블루베리 5컵(570g)
설탕 3/4컵(150g)
레몬 즙 1큰술(15ml)

테두리가 있는 베이킹 팬
실리콘 패드나 쿠킹포일
블렌더
중간 크기 편수 냄비
나무 주걱
일자형 스패츌러
식힘망
유산지
가위
4리터짜리 지퍼백

실험 순서 :

밑준비하기
1. 오븐을 95도로 예열한다.
2. 베이킹 팬에 실리콘 패드나 쿠킹포일을 깐다.

과일 으깨기
1. 블렌더에 과일, 설탕, 레몬 즙을 넣고 부드럽게 간다.

가죽 끓이기
1. 냄비에 과일 갈은 것을 넣고 중불에 올린 다음 계속 저으면서 끓인다. (반드시 어른이 하도록 한다!)
2. 불을 중약불로 낮추고 과일이 아주 걸쭉해질 때까지 끊임없이 젓는다.

가죽 굽기
1. 가죽 반죽을 베이킹 팬에 붓는다. 스패츌러로 아주 얇게 편다. 베이킹 팬 바닥에 다 덮일 정도로 펴 준다.
2. 오븐에서 약 3시간 동안 윗부분이 약간 끈적할 때까지 굽는다.

식히고 자르고 먹기
1. 식힘망에서 완전히 식힌다. 실리콘 패드나 포일을 벗긴다. 만약 아랫부분이 여전이 축축하면 그 면을 위로 베이킹 팬에 올린 다음 오븐에서 30분간 구우면서 말린다.
2. 가죽을 유산지에 올리고 종이째 줄무늬 모양으로 자른다.
3. 다 먹은 다음 남은 것은 돌돌 말아서 지퍼백에 넣어 두면 일주일간 보관이 가능하다.

왜 이런 걸까? 과일 가죽은 말린 잼과 같습니다. 잼은 으깬 과일에 설탕을 섞어서 만듭니다. 과일즙을 흡수한 많은 양의 설탕이 으깬 과일과 만나 엉키면서 점도가 더 높아집니다. 그냥 으깬 딸기라면 빵을 적시고 흘러내리겠지만, 딸기 잼은 토스트에 잘 발립니다. 그 이유는 높은 점도 때문입니다.

실험에서 과일 반죽을 베이킹 팬에 얇게 펴 바르면 공기와 만나는 표면적이 넓어져서 수분이 잘 증발합니다. 이것을 오븐에 넣으면 따뜻한 공기가 수분을 거의 다 빨아들입니다. 결국 과일 반죽 안의 수분은 거의 남지 않고, 끈적임도 사라져 집어 들어도 손에 묻지 않습니다.

양배추의 색깔은?

채소의 색이 바뀔 수 있다는 것을 알고 있나요? 보관이나 요리법에 따라 초록색 채소를 갈색으로, 보라색 채소를 빨간색으로, 빨간색 채소를 파란색으로 바꿀 수 있습니다.

6인분

 조심! 어른이 도와주세요.

웬일!

다 먹을 수 있어!

누워서 떡 먹기

30분 이하

마트에서 구매

5,000원 이하

주의

재료 :

식물성 기름 2큰술(30㎖)
얇게 자른 적양배추 4컵(350g)
물 1/4컵(60㎖)
그래니 스미스⁶ 같은 타르트용 사과 1개,
   껍질 벗겨 씨를 제거하고 잘게 채썰어 준비
사과 식초 1/4컵(60㎖)
설탕 1/4컵(50g)
소금과 식초(식성에 따라)

넓은 프라이팬
나무 주걱

실험 순서 :

양배추 볶기

1. 프라이팬을 불에 올리고 기름을 두른다. 양배추를 넣는다. 무슨 색인가?
2. 양배추가 익을 때까지 저으면서 고르게 익힌다.
3. 물을 붓고 끓인다. 색에 변화가 있는가?

색 바꾸기

1. 사과, 식초, 설탕을 넣는다.
2. 끓인다. 색을 관찰한다. 지금 색은 어떤가?
3. 부드러워질 때까지 3분간 끓인다.
4. 취향에 맞게 소금, 후추 간을 해서 맛있게 먹는다.

 왜 이런 걸까? 적양배추 속에는 안토시아닌이라는 보라색 색소가 있습니다. 세상에 존재하는 채소의 색소 중에 안토시아닌이 가장 특이합니다. 안토시아닌은 주위 환경에 따라 색을 바꾸는 성질이 있습니다. 식초 같은 산성을 만나면 밝은 빨간색을 띠고, 물로 희석하면 색이 완전히 흐려져서 없어질 정도가 됩니다. 수돗물이나 베이킹소다 같은 염기성과 만나면 청록색을 띠는데 정~~말 특이하면서 신기합니다.

---

6 호주가 원산지인 초록색 사과. 아오리 사과로 대체 가능하다.

말도 안 돼!

다 먹을 수 있어!

누워서 떡 먹기

며칠

집에 있는 재료

5,000원 이하

안전

물방울무늬 샐러리

샐러리 자체는 별 특색이 없는 채소입니다. 하지만 식용색소를 탄 그릇에 꽂아 두면 매력적인 물방울무늬와 줄무늬가 생깁니다. 샐러리 줄기에 있는 물관을 따라 식용색소가 타고 오르면서 무늬가 생깁니다. 회향, 아스파라거스, 적근대, 루밥 같은 줄기채소는 다 마찬가지입니다. 색깔 있는 어떤 액체라도 가능하지만, 농축된 식용색소가 제일 잘 됩니다. 이 실험을 시금치나 오이 같은 과일 채소로 하면 전체적으로 물이 드는데, 이들에는 물관이 없기 때문입니다.

재료 :

식용색소 빨간색이나 파란색 1/4컵(60mℓ)
가급적이면 잎사귀가 있는 샐러리 3, 4줄기

240mℓ짜리 음료수 컵

실험 순서 :

샐러리 준비하기

1. 물컵에 물을 붓고 식용색소를 탄다.
2. 샐러리의 넓은 끝부분을 잘라서 식용색소를 탄 컵에 꽂는다.

한쪽에 두고 관찰하기

1. 하루쯤 지나서 잘 살펴보면 샐러리 줄기가 식용색소를 빨아 올린 것을 볼 수 있다. 샐러리를 잘라 보면 빨간색이나 파란색 물방울무늬가 보일 것이다.
2. 이틀 동안 더 둔다. 그 정도면 식용색소가 줄기를 지나 잎사귀까지 올라가서 빨간색이나 파란색으로 물들일 것이다.

왜 이런 걸까? 모든 채소는 식물의 한 부분입니다. 샐러리는 줄기에 해당합니다. 식물의 줄기는 뿌리에서 빨아들인 물과 영양분을 잎사귀, 과일, 꽃으로 보내 주고, 잎에서 만든 에너지를 뿌리로 보내 저장하는 역할을 합니다. 샐러리를 수확하면 뿌리에서 분리되지만 기회만 있으면 줄기가 하던 일을 계속 하려고 합니다. 샐러리를 액체에 담그면 액체가 관다발을 통해 잎사귀로 전달됩니다. 색깔이 있는 액체라면 물관이 색으로 물들게 됩니다. 그래서 단면을 자르면 물관이 점처럼 보입니다.

마음껏 즐겨, 알프레도

괜찮네

진짜 맛있어!

도움이 필요해요!

30~60분

마트에서 구매

10,000원 이하

주의

페투치네 알프레도를 먹어 본 적이 있나요? 크림 맛이 진한 아주 맛있는 파스타입니다. 단점이라면 지방이 엄청 많이 들어 있다는 사실입니다. 레스토랑에서 나오는 1인분에는 하루 권장량의 100%를 넘는 지방이 들어 있고, 권장 건강식의 200%가 넘는 포화지방산이 들어 있습니다.

알프레도의 진한 크림 맛은 그대로 살리면서 지방만 쏙 뺄 수 있는 방법이 있습니다. 비밀 재료는 콜리플라워인데, 이것에 들어 있는 펙틴이라는 마법의 무기 덕분입니다.

4인분

✋ 조심! 어른이 도와주세요.

재료 :

소금 1큰술(20g)
페투치네[7] 340g
우유 1컵(240ml)
콜리플라워 2덩어리, 잎사귀와 딱딱한
   줄기를 제거하고 봉오리를 대충 잘라서 준비
버터 1큰술(15ml)
다진 마늘 1큰술(10g)
후추 간 것 1/4작은술
파마산 치즈 간 것 1/4컵(20g)

큰 냄비
체
내열성 그릇 큰 것
블렌더
국자

실험 순서 :

면 삶기

1. 큰 냄비에 물을 3/4 정도 채우고 끓인다.
2. 소금을 넣고 젓는다.
3. 페투치네를 넣고 부드러워질 때까지 약 10분간 삶는다.

체에 내리기

1. 내열성 그릇에 체를 받치고 삶은 면을 붓는다. 국물은 모아 놓는다.
2. 체를 들어 한쪽에 치워 둔다.

콜리플라워 삶기

1. 모아 놓았던 파스타 삶은 물 3컵(720ml)을 냄비에 붓고 우유와 콜리플라워를 넣는다.
2. 냄비를 중강불에 올리고 끓인다. 콜리플라워가 부드러워질 때까지 약 8분간 삶는다.

[7] 파스타의 한 종류로 얇고 넓은 면이다. 탈리아텔레가 0.7~1cm 정도 넓이인데 페투치네가 조금 더 넓다.

소스 만들기

1. 다 익으면 블렌더에 넣고 간다. 블렌더의 크기에 따라 두 번에 나누어 갈아야 할 수도 있다.
2. 냄비를 깨끗이 닦고 버터를 넣은 다음 중불에서 녹인다.
3. 마늘을 넣고 향이 나게 볶는다. 갈색이 나면 안 된다! 1분 정도면 충분하다.
4. 파스타와 삶은 국물을 한 국자 넣는다. 면이 잘 분리되게 저어 준다.
5. 갈은 콜리플라워와 후추를 넣고 끓이면서 소스와 면이 잘 어우러지게 섞는다. 소스가 충분히 걸쭉해질 때까지 저어 준다. 소스가 너무 뻑뻑하면 파스타 삶은 물을 넣어 농도를 조절한다.

먹기

1. 불에서 내려 치즈를 뿌리고 섞는다.
2. 접시에 담아 맛있게 냠냠!

왜 이런 걸까? 콜리플라워는 음식 세계의 접착제라고 불리는 펙틴의 보고입니다. 녹말 분자의 기다란 사슬이 끈적한 반죽처럼 서로 붙어 있는 펙틴은 식물 세포벽을 잡아 주는 역할을 합니다. 콜리플라워를 삶으면 세포벽이 물러지면서 펙틴이 빠져 나오는데, 이것을 갈면 펙틴이 크림처럼 걸쭉해지면서 버터와 크림으로 만든 소스와 비슷해집니다.

채소로 물들인 달걀

인공색소가 나오기 전에는 채소에서 얻은 색소로 부활절 달걀을 물들였습니다. 시금치에서 녹색을, 크랜베리에서 빨간색을, 적양배추에서 보라색을 분리해 내는 일은 쉬우면서 신나는 작업입니다. 분리해 낸 색소로 멋진 그림을 그릴 수도 있고 달걀을 물들일 수도 있습니다. 채소, 꽃, 광물에서 천연색소를 얻어 선사시대 예술을 직접 재현해 볼 수도 있습니다. 옛날에는 화가가 되려면 자연에서 추출한 색소로 물감을 만드는 방법도 배워야 했습니다. 과학자이자 예술가로 유명한 레오나르도 다빈치도 모나리자를 그렸을 때 그림에 필요한 모든 물감을 채소로 만들었습니다.

달걀 12개 분량

 조심! 어른이 도와주세요.

재료 :

약 2컵 분량(170~230g)의 색소:
    빨간색 : 적양파 껍질, 크랜베리, 라즈베리,
        비트, 석류
    오렌지색 : 당근, 노란 양파 껍질, 오렌지 껍질,
        파프리카(1/4컵(30g) 사용)
    노란색 : 레몬이나 오렌지 껍질, 녹차,
        캐모마일 차, 갈은 강황(1/4컵(30g) 사용)
    녹색 : 노란 사과 껍질, 시금치,
        액상 엽록소(온라인에서 구매 가능)
    파란색 : 적양배추 잎, 보라색 포도
    보라색 : 히비스커스 차,
        보라색 포도 주스 약간, 적생강차

화이트 식초 2큰술(60ml)
껍데기가 있는 완숙 달걀 12개
식물성 기름(원하면)

중간 크기 편수 냄비
가는 체
유리 계량컵 1리터짜리
크레용(원하면)
고무줄(원하면)
구멍 뚫린 국자
식힘망
깨끗한 스펀지(원하면)

실험 순서:

색소 만들기

1. 준비한 염색 재료를 냄비에 넣고 잠길 만큼 물을 붓는다. (보라색 포도 주스와 액상 엽록소는 익힐 필요 없이 그냥 사용하면 된다)
2. 끓기 시작하면 불을 약하게 낮추어 15분간 끓인다.
3. 키친타월을 담가 색이 어느 정도 나는지 확인한다. 색이 선명하지 않으면 15분간 더 끓인다.
4. 계량컵에 체를 받친 후 내용물을 거른다. 식초를 섞는다.

달걀 물들이기

1. 달걀을 비눗물로 씻어 표면에 남아 있는 기름기를 제거한다.
2. 원하면 크레용으로 달걀에 그림을 그린다. 그림을 그린 부분은 물들지 않는다. 넓이가 다양한 고무줄로 달걀을 묶어도 되는데, 물들이고 말린 다음 고무줄을 제거해야 한다. (껍데기를 깐 다음 물을 들여도 되는데, 이럴 경우 그러데이션된 색깔을 즐기며 먹을 수 있다!)
3. 구멍 뚫린 국자에 달걀을 얹어 색소에 넣는다. 원하는 색이 나올 때까지 담가 둔다. 오래 담가 둘수록 색이 진해진다.

말리고 마무리하기

1. 구멍 뚫린 국자로 달걀을 건져서 식힘망에서 말린다.
2. 일반적으로 염색한 달걀은 광택이 없다. 매끈한 질감을 살리려면 색소가 마르기 전에 깨끗한 스펀지로 살살 문지른다. 광택을 약간 내고 싶으면 마른 다음 식물성 기름이나 미네랄 오일로 문질러 준다.

왜 이런 걸까? 식물 색소에는 네 종류가 있습니다.
엽록소. 녹색 잎사귀에 있다. 녹색을 띤다.
카로티노이드. 당근, 피망, 토마토, 수박에 들어 있다. 빨간색이나 노란색, 주황색을 띤다.
안토시아닌. 적양배추, 래디쉬, 감자에 들어 있다. 빨간색이나 보라색을 띤다.
베타인. 비트, 근대, 선인장 열매에 들어 있다. 빨간색이나 노란색을 띤다.
요즘은 옷이나 젤리빈, 부활절 달걀을 물들일 때 인공색소를 사용하지만, 한때는 모든 물감이나 색소를 돌, 흙, 벌레, 채소 같은 자연에서 얻었습니다.
채소에서 색을 얻는 것은 어렵지 않습니다. 잘게 다져서 차를 우리듯이 담가 두면 됩니다. 일단 색깔 차를 만들었으면 달걀에 색이 잘 달라붙게 산성화시킵니다. 달걀은 약산성을 띤 단백질이 주성분인데 강한 산에 잘 반응합니다. 그래서 우려낸 색소에 식초를 넣어 강한 산을 만들면 색소는 달걀에 잘 달라붙습니다.

괜찮네

진짜 맛있어!

누워서 떡 먹기

30분 이하

집에 있는 재료

5,000원 이하

안전

DIY 전자레인지 팝콘

직접 팝콘을 만들어 먹어 보면 다시는 밖에서 파는 전자레인지용 팝콘을 사지 않을 것입니다. 톡톡 터지는 열매에 대해 배울 뿐 아니라 돈도 아낄 수 있기 때문입니다. 팝콘용 옥수수 450그램이면 전자레인지 팝콘을 50개 정도 만들 수 있습니다. '팝콘용 옥수수'로 팔리는 말린 옥수수 알갱이는 '바삭하고-부드러운 솜'이라고 불릴 정도로 크게 잘 터지는 특수한 품종의 옥수수입니다. 옥수수를 살 때는 날짜 확인만 잘 하면 됩니다. 오래된 옥수수는 표면에 금이 가는데, 금이 생기면 알갱이 안에 압력이 차지 않고 김이 새면서 불량 폭죽이 됩니다.

봉지 한 개

재료 :

팝콘용 옥수수 1/4컵(40g)
　(팝콘 봉지 안에 든 것 말고)
소금 1/2작은술(일반 소금보다 더 가는
　팝콘용 소금을 사도 됨)
원하는 시즈닝(마늘 가루, 계핏가루, 고춧가루 등)
올리브오일, 기름 1작은술(5㎖)

계량컵
티스푼
갈색 종이 봉지
전자레인지

실험 순서 :

준비하기

1. 모든 재료를 봉지에 넣고 입구를 두 번 접는다.
2. 살살 흔들어 섞은 다음 공기를 뺀다.

팝콘 튀기기

1. 접은 부분을 아래로 가게 놓고 전자레인지에 돌리면서 10초씩 튀겨지는 소리가 안 날 때까지 튀긴다. 보통의 전자레인지는 약 4분이 걸리는데 출력이 높은 전자레인지는 2분이면 되기 때문에, 소리에 귀를 기울인다.

먹기

1. 봉지를 열 때 증기에 손을 데지 않도록 조심한다.
2. 그릇에 담아 맛있게 먹기!

왜 이런 걸까? 팝콘은 껍질이 단단한 옥수수를 습기가 거의 없게 말려서 만듭니다. 전자레인지에서 100도가 되면 옥수수 안에 수증기가 쌓이기 시작합니다. 그러다 190도에 다다르면 압력 때문에 껍질이 터지면서 속살이 밖으로 나옵니다. 수증기가 단백질과 녹말 덩어리 곡물을 펑 터트려 가볍고 폭신하게 만듭니다.

아몬드 우유

슬프게도 '유당불내증'을 가진 사람들이 있습니다. 이런 사람들은 소젖으로 만든 우유, 치즈, 아이스크림 같은 유제품에 들어 있는 당을 소화시키지 못합니다. 하지만 다행히도 콩이나 쌀, 견과류로 만든 훌륭한 대체 식품이 있습니다! 수 세기에 걸쳐 사람들은 견과류로 만든 우유를 마셔 왔습니다. 아몬드나 캐슈넛, 헤이즐넛 등을 불려서 곱게 갈면 칼슘, 단백질, 비타민, 미네랄이 풍부하면서 맛 좋은 비유제품 드링크를 만들 수 있습니다. 우유처럼 시리얼에 부어 먹거나 초콜릿 우유를 만들어도 되고, 요리나 베이킹에 활용해도 좋습니다. 물론 그냥 차갑게 음료로 마셔도 됩니다.

3컵(720ml) 분량

말도 안 돼!

진짜 맛있어!

누워서 떡 먹기

며칠

마트에서 구매

5,000원 이하

안전

재료 :

볶지 않은 아몬드나 캐슈넛 2 1/2컵(300g)

블렌더
가는 체 또는 거즈
1리터짜리 유리 용기 :
    유리 계량컵을 활용하면 좋음

실험 순서 :

견과류 담그기

1. 견과류를 블렌더에 넣고 잠길 만큼 뜨거운 물을 붓는다.
2. 한 시간 이상 또는 하룻밤 불린다.

우유 만들기!

1. 불린 상태 그대로 부드럽게 간다.
2. 내용물을 가는 체나 거즈로 거른다. 거즈를 사용한다면 꾹 짜면서 거른다.

우유 마시기

1. 냉장고에 한 시간 정도 넣어 차갑게 만든다.
2. 그냥 마시거나 시리얼에 부어 먹는다. 간단한 아몬드 푸딩(125쪽)에 활용한다.
3. 밀폐 용기에 일주일간 보관이 가능하다.

왜 이런 걸까? 젖은 엄마가 자식에게 먹이는 영양 만점 음료입니다. 엄마가 먹은 음식에서 농축된 단백질, 지방, 설탕, 미네랄이 아기가 쉽게 먹을 수 있는 형태로 바뀐 것입니다. 원래 야생에서 동물들은 제 어미의 젖만 먹을 수 있었지만, 시간이 지나면서 인간들은 다른 동물의 젖이나 식물에서도 얻는 방법을 배웠습니다.

　모든 식물로 우유를 만들 수 있는 것은 아니지만 단백질과 지방이 많은 콩이나 씨앗, 견과류로는 유제품을 대신할 부드럽고 영양가 있는 우유를 만들 수 있습니다. 이런 단백질과 지방은 씨앗의 싹을 틔우고 뿌리, 줄기, 잎사귀를 가진 식물로 자라는 데 사용됩니다. 이렇게 자란 식물은 흙과 태양으로부터 영양분을 모으게 됩니다. (당연히 씨앗과 견과류가 몸에 좋을 수밖에 없겠죠!) 견과류 버터(땅콩버터나 아몬드버터)를 만들려면 견과류를 갈아야 하는데, 이때 나오는 기름이 끈적한 질감을 만듭니다. 하지만 견과류를 갈기 전에 물에 담그면 기름이 나와 물에 뜹니다. 이 상태에서 견과류를 갈아 건더기를 거르면 동물의 젖과 비슷해집니다.

간단한 아몬드 푸딩

4인분

재료 :

설탕 1/3컵(65g)

녹말가루 2큰술(16g)

소금 1/4작은술

아몬드 우유 2 1/2컵(600ml)

달걀노른자 큰 것 3개(달걀 분리 방법은 78쪽 참조)

깍둑썰기한 무염 버터 3큰술(45g)

바닐라 농축액 1작은술(5ml)

아몬드 농축액 1/2작은술

중간 크기 편수 냄비

손 거품기

달걀흰자를 보관할 뚜껑 있는 용기

나무 주걱

고무 주걱

디저트 그릇 4개

비닐 랩

실험 순서 :

재료 섞기

1. 설탕, 녹말가루, 소금을 냄비에 넣고 섞는다.
2. 아몬드 우유 1/4컵(60g)을 붓고 부드러워질 때까지 섞는다.
3. 달걀노른자를 남아 있는 아몬드 우유 2 1/4컵(540ml)에 넣고 섞는다. (달걀흰자는 다른 용도로 사용한다. 밀폐 용기에 넣으면 3일간 냉장 보관할 수 있고 얼리면 1년간 보관이 가능하다)

익히기

1. 중불에 냄비를 올리고 나무 주걱으로 계속 젓는다. 구석구석까지 골고루 젓는다.
2. 푸딩이 걸쭉해지면서 거품이 나기 시작하면 깨끗한 손 거품기로 반죽에 덩어리가 없도록 잘 풀어 준다. **조심! 푸딩 같은 걸쭉한 액체는 끓을 때 갑자기 튈 수 있다.**
3. 거품이 보글보글 끓게 불을 작게 줄이고 고무 주걱으로 바닥까지 긁으면서 저어 준다. 3분 정도 젓는다.
4. 불에서 내려 버터와 농축액을 넣고 젓는다. 버터가 녹고 재료가 다 섞일 때까지 저어 준다.

식히기

1. 디저트 그릇 4개에 고르게 나누어 담는다.
2. 그릇마다 비닐 랩을 씌우고 표면에 거품이 생기지 않도록 랩으로 살짝 누른다.
3. 냉장고에서 약 2시간 동안 차갑게 만든 다음 맛있게 먹는다!

제5장
달걀 실험

달걀을 완전식품이라고 말합니다. 단백질, 지방, 탄수화물 등의 영양분이 균형을 이루고 있기 때문입니다. 하지만 달걀을 먹기만 할까요? 달걀로 단백질과 지방이 하는 역할도 배우고 미네랄, 공기압, 유화 작용, 필터링, 젤에 대해 배울 수도 있습니다.

이 장에 나오는 실험은 반짝반짝 통통 튀는 달걀(129쪽)을 제외하고는 맛있게 먹을 수 있는 데다가 끝내주게 재밌습니다.

이 장에서는 :

반짝반짝 통통 튀는 달걀

스프를 맑고 투명하게

초콜릿 폭발

고체 스프

마요 쉐이크

반짝반짝 통통 튀는 달걀

대박!

웩!

누워서 떡 먹기

며칠

집에 있는 재료

5,000원 이하

안전

달걀을 바닥에 통통 튀겨 본 적 있나요? 실험을 하기 전까지는 잠시 참아 주세요. 실험에서는 달걀 껍데기가 녹을 때까지 식초에 담가 둘 겁니다. 달걀은 신기합니다. 달걀 껍데기 안에는 두 개의 막이 있습니다. 이 막은 대부분 단백질로 이루어져 있는데, 껍데기가 녹아 버린 후에도 식초와 반응해서 액체로 가득 찬 달걀을 집을 수 있을 정도로 질기고 탄력 있게 바뀝니다. 달걀 속의 투명한 액체(흰자)도 대부분 단백질입니다. 달걀을 불빛에 비춰 보면 단백질이 빛을 굴절시켜서 흰자가 빛이 납니다. 좀 더 자세히 보면 흰자를 관통해서 달걀 끝부분과 중앙까지 이어지는 두 개의 줄이 보일 겁니다. 이 줄은 달걀노른자를 바깥 막과 연결해 노른자가 달걀 중앙에 안전하게 있을 수 있도록 잡아 줍니다. 단백질이 꼬인 형태의 이 끈을 알끈이라고 부릅니다.

반짝반짝 통통 튀는 달걀 1개 – 원하면 더 만들어 보세요!

재료 :

달걀 1개
화이트 식초 1 1/2컵(360ml)

뚜껑이 있는 1리터 용량의 그릇
스프 숟가락(필요하면)

실험 순서 :

실험 준비하기

1. 준비한 그릇 안에 달걀을 조심스레 넣는다. 달걀을 떨어뜨려 깨지 않도록 조심한다! (만약 손가락이 그릇 아래에 닿지 않는다면 어른에게 도움을 청한다. 아니면 그릇을 옆면으로 눕힌 다음, 달걀을 스프 숟가락에 올려 그릇 속으로 밀어 넣는다)
2. 식초를 붓고 뚜껑을 꽉 닫은 다음 2~3일간 둔다.

달걀 관찰하기!

1. 다음 같은 현상이 있으면 실험이 다 된 것이다.
   식초가 뿌옇고 식초 표면에 분리된 달걀 껍데기가 떠다닌다.
   달걀이 원래보다 두 배 정도 커지고 위에 떠 있다.
   창문이나 전등에 비춰 봤을 때 빛이 통과한다.
   이 상태면 껍데기가 거의 녹았다고 볼 수 있다. 빛이 통과하지 않는 부분이 약간 있을 수 있는데, 물로 씻으면 된다.

2. 식초에서 살살 꺼내 차갑고 깨끗한 물을 그릇에 받아 씻는다. 바닥에 튀겨 본다. 너무 세게 던지면 안 된다. 달걀을 싸고 있는 막은 더 질겨졌지만, 속은 여전히 날 달걀이다. 막이 터져 버리면 내용물이 흘러나온다.

왜 이런 걸까? 식초에 들어 있는 아세트산은 달걀 껍데기의 탄산칼슘과 반응해 껍데기를 녹입니다. 달걀을 식초에 넣자마자 달걀 껍데기에서 거품이 올라오는 것을 볼 수 있습니다. 이 거품은 식초와 달걀 껍데기의 칼슘이 만나 생기는 이산화탄소입니다. 동시에 아세트산은 껍데기 아래 있는 막의 단백질을 응고시켜서 질기고 통통 튀는 상태로 만듭니다.

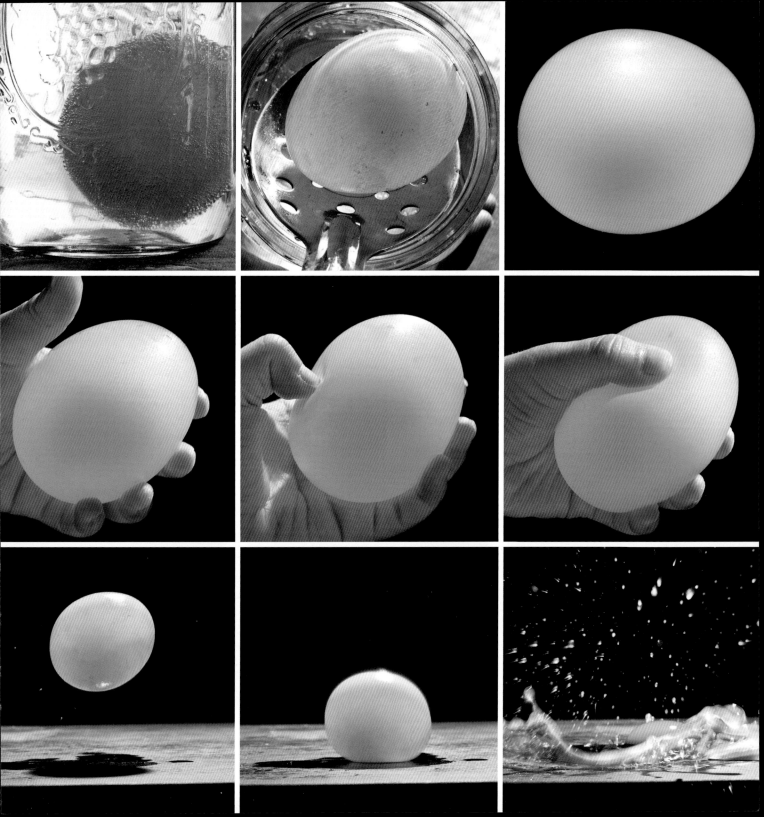

말도 안 돼!

진짜 맛있어!

누워서 떡 먹기

30분 이하

집에 있는 재료

5,000원 이하

안전

초콜릿 폭발

　맛있는 초콜릿 믹스가 유리 그릇 밖으로 솟아오르는 간단한 실험을 해 볼 겁니다. 솟았다가 가라앉으면 그때 디저트로 즐기면 됩니다. 진한 초콜릿의 맛은 코코아 가루에서 나옵니다. 코코아 가루에는 초콜릿이 농축되어 있습니다. 카카오 콩(우리가 초콜릿을 얻는 부분)에서 지방과 섬유질을 제거하고 만들기 때문에 진하고 완전한 초콜릿 맛만 남게 됩니다. 소량으로도 충분히 초콜릿 풍미를 느낄 수 있고 칼로리도 매우 낮습니다. 여기에 설탕 과 지방을 첨가하면 달고 진한 초콜릿이 됩니다.

1인분

재료 :

설탕 3큰술(45g)
무가당 코코아 가루 2큰술(10g)
다목적 밀가루 1큰술(8g)
우유 3큰술(45ml)
카놀라유나 식물성 기름 1큰술(15ml)
바닐라 농축액 1/4작은술
달걀 1개

기다란 유리잔
포크
작은 그릇
작은 손 거품기
전자레인지
숟가락

실험 순서 :

반죽 만들기

1. 달걀을 제외한 모든 재료를 유리컵에 넣는다.
2. 포크로 재료를 잘 섞는다. 바닥에 설탕과 밀가루가 가라앉지 않도록 한다.
3. 그릇에 달걀을 깨 넣고 거품이 날 때까지 젓는다. 유리컵에 넣고 재료와 섞는다.

발사하기!

1. 유리컵을 전자레인지에 넣고 최대 출력으로 70초간 돌린다.
2. 반죽이 유리컵 밖으로 터져 나오는 것을 관찰한다.
3. 전자레인지에서 꺼낸다. 1분 정도 식게 둔다. 내용물이 가라앉을 것이다.
4. 숟가락으로 맛있게 떠먹는다.

왜 이런 걸까? 실험에서 만든 디저트는 달걀을 넣고 한껏 부풀려서 가벼운 식감을 즐기는 프랑스 요리 '수플레'와 비슷합니다.

공기는 열을 받으면 팽창합니다. 달걀 속 단백질 막 안에 갇힌 공기는 뜨거워지면서 바깥 공기보다 가벼워지고 위로 솟기 시작합니다. 이것은 기구를 공기로 채우고 불꽃으로 열을 가하면 공기가 팽창해서 기구가 뜨는 원리와 비슷합니다. 공기가 뜨거울수록 더 높게 올라갑니다. 초콜릿 반죽 속에서도 같은 현상이 일어납니다. 식으면 푹 꺼지지만 맛은 변함이 없습니다.

마요 쉐이크

달걀과 기름으로 만드는 전통 프랑스 소스인 마요네즈는 셰프가 만드는 고급스러운 소스였지만, 요새는 마트에서 쉽게 살 수 있습니다. 하지만 시간과 도깨비 방망이만 있다면 쉽게 만들 수 있습니다. 덤으로 서로 섞이지 않는 물과 기름을 섞이게 하는 마법인 유화에 대해 배울 수 있습니다. 이 실험에는 달걀노른자를 사용합니다. 확률은 낮지만 달걀노른자에 살모넬라균이 있을 수도 있습니다. 사용하는 달걀이 어디서 왔는지 확인해 보세요. 믿을 수 있는 농장에서 왔거나 방사선 처리를 했다면 살모넬라균에 대한 걱정을 하지 않아도 됩니다.

1 1/2컵(360ml)

말도 안 돼!

진짜 맛있어!

누워서 떡 먹기

30분 이하

집에 있는 재료

5,000원 이하

안전

재료 :

달걀 1개
겨자 1작은술(5ml)
레몬 즙 1/2개분
소금 크게 한 꼬집
카놀라유나 식물성 기름 1컵(240ml)

뚜껑이 있는 유리 용기
도깨비 방망이

실험 순서 :

1. 모든 재료를 용기에 넣는다.
2. 도깨비 방망이를 최고 속도로 높여서 약 1분간 걸쭉한 크림 상태가 될 때까지 돌린다. 짜잔~ 마요네즈 완성.

왜 이런 걸까? 마요네즈는 물과 기름의 유화액입니다. 이 둘은 잘 섞이지 않는 걸로 유명합니다. 하지만 마요네즈는 렉틴이라는 유화제가 물과 기름이 떨어지지 않도록 잡아 줍니다. 렉틴은 달걀노른자에 들어 있는 단백질입니다.

유화제는 두 가지 화학적 구조를 가지고 있는데, 한쪽은 지방을 끌어당기고 다른 쪽은 물을 끌어당깁니다. 그래서 친유성 부분은 기름에 붙고, 친수성 부분은 밖으로 드러나서 달걀 속 물과 레몬 즙에 붙습니다. 그 결과 지방과 물이 완벽한 크림소스 상태로 평화롭게 공존할 수 있습니다.

스프를 맑고 투명하게

웬일!

진짜 맛있어!

도움이 필요해요!

30분 이하

집에 있는 재료

5,000원 이하

불 사용

쌀쌀한 날씨에는 김이 모락모락 나는 맑고 진한 스프 한 그릇이면 그만이지요. 하지만 진짜 맑은 걸까요? 자세히 살펴보면 스프를 만들 때 들어간 고기와 야채의 아주 작은 조각들을 볼 수 있습니다. 실험에서는 음식 필터를 만들어 아주 작은 조각까지도 걸러 내 이제껏 본 적이 없는 수정처럼 맑은 스프를 만들 것입니다. 음식을 필터로 거르면 풍미와 영양분까지 걸러지지 않을까 걱정할 수도 있겠지만, 사실은 그렇지 않습니다. 풍미와 영양분은 이미 요리하는 동안 국물에 모두 우러납니다. 스프가 완성됐을 때 떠 있는 당근과 닭고기는 껍데기일 뿐이고 모든 것은 국물에 들어 있습니다.

12인분

 조심! 어른이 도와주세요.

재료 :

닭 가슴살 다진 것 230g
풀어 놓은 달걀흰자(달걀 분리하는
　　방법은 78쪽 참조)
닭 육수(부용 말고 브로스1) 3컵(720ml),
　　집에서 만들거나 마트에서 구매

블렌더
중간 크기 편수 냄비
가는 체 또는 커피 필터
내열성 유리 그릇
국자

실험 순서 :

재료 섞기

1. 모든 재료를 블렌더에 넣고 아주 곱게 간다.
2. 내용물을 냄비에 붓는다.

맑은 국물 만들기

1. 냄비를 중강불에 올리고 흰자가 바닥에 들러붙지 않도록 계속 저어 가면서 끓인다.
2. 재료가 익어서 끓어오르면 그 자체가 필터 역할을 하면서 국물에 있는 부유물을 걸러 낸다. 끓으면서 위로 떠오르면 두껍고 더러운 거품이나 '뗏목'처럼 보인다. 부유물이 다시 국물로 들어갈 수 있으므로, 거품을 건드리지 않도록 조심한다.
3. 중약불로 줄여 5~10분간 끓인다.

1 부용(bouillon)은 고기와 야채를 함께 넣고 만든 국물이고, 브로스(broth)는 고기만 넣고 만든 국물이다.

거르기

1. 내열성 그릇 위에 가는 체를 얹는다.
2. 국자로 스프 위에 뜬 거품의 한쪽을 떠서 버린다. 국물을 가능한 한 적게 뜨도록 한다. 국자를 씻는다.
3. 만들어 놓은 구멍으로 국자를 넣어 거품 뗏목(거품을 건드리지 않으면서) 아래에 있는 국물을 떠서 체에 내려 맑은 국물을 모은다.

정말 맑지 않나요?

1. 맑고 투명한 스프를 관찰한다. 맛을 본다. 진한 닭 국물 맛이 날 것이다.

왜 이런 걸까? 스프 국물이 탁하게 보이는 이유는 국물에 있는 미세한 기름과 음식 입자 때문에 빛이 산란되기 때문입니다.

국물에 달걀흰자를 풀어 넣으면, 국물은 전보다 더 탁해질 것입니다. 하지만 달걀흰자는 차가울 때는 액체 상태이지만 열을 가하면 점점 고체로 변합니다. 국물이 뜨거워지면 풀어 넣은 달걀흰자가 그물 구조로 굳게 되고, 국물에 떠다니던 미세한 입자가 그물에 걸리게 됩니다. 어느 시점이 되면 미세 입자를 모두 걸러 낸 그물이 국물 위에 둥둥 뜨게 됩니다. 스프의 표면에 떠다니는 뗏목은 더러워 보일지 모르지만, 그 아래 스프는 수정처럼 맑고 맛도 좋답니다.

고체 스프

액체는 주르르 흐르기도 하고 걸쭉하기도 합니다. 하지만 액체가 굳을 수 있을까요? 젤은 굳어 있는 액체로 온도에 따라 상태가 변합니다. 젤리[2]는 상온에서는 고체이지만 한 숟가락 떠서 입안에 넣으면, 짜잔! 체온 때문에 액체로 변합니다.

커스터드 역시 젤인데 달걀이 응고제 역할을 합니다. 달걀이 들어간 젤은 젤라틴이 들어간 젤과는 다릅니다. 커스터드는 일단 굳으면 액체로 돌아가지 않습니다. 달걀은 응고제 역할만 하는 것이 아니라 풍미와 부드러운 식감, 영양까지 책임집니다. 실험을 통해 육수에 달걀을 풀어서 익히면 어떻게 변하는지 볼 수 있습니다.

1인분

 조심! 어른이 도와주세요.

말도 안 돼!

진짜 맛있어!

도움이 필요해요!

30분 이하

집에 있는 재료

5,000원 이하

불 사용

재료 :

대충 풀어 놓은 달걀 2개
닭 육수 1 1/2컵(360ml)
발사믹 식초 1작은술(5ml)
잘게 썬 쪽파 1줄기(원하면)
간장 1작은술(5ml)
참기름 1/4작은술

1리터짜리 계량컵
손 거품기 또는 나무 주걱
편수 냄비 안에 들어갈 크기의 스프 그릇
스테인리스 찜기
넓고 깊은 편수 냄비
스프 그릇을 덮을 만한 접시 또는 쿠킹포일

실험 순서 :

재료 섞기

1. 계량컵에 달걀과 닭 육수를 넣고 잘 섞은 다음 스프 그릇에 붓는다. (원하면 재료를 블렌더로 섞은 다음 그릇에 부어도 된다)
2. 식초를 넣고 섞는다.

찌기

1. 냄비에 스테인리스 찜기를 넣는다. 찜기에 물이 닿지 않게 약 2.5cm 높이로 물을 붓는다. 중불에 올린다.
2. 스프 그릇을 찜기에 올리고 접시나 포일로 덮는다.
3. 증기가 날아가지 않도록 냄비의 뚜껑을 덮는다.
4. 불을 약하게 줄이고 '스프'가 굳어서 탱글거릴 때까지 약 15분간 익힌다.

2 여기서는 완제품으로 파는 젤리가 아니라 젤라틴으로 굳힌 젤리를 말한다.

맛있게 먹기!

1. 뚜껑을 열어 증기를 날린다. 데일 수 있기 때문에 **증기에 닿지 않도록 조심한다!**
2. 위에 쪽파와 간장, 참기름을 뿌린다.
3. 숟가락으로 먹는다.

왜 이런 걸까? 커스터드를 구워 봤다면 탱글탱글한 질감과 맛을 기억할 것입니다. 고체 스프도 커스터드처럼 달걀을 응고제로 사용하고 질감도 비슷합니다. 다만 기본 재료가 우유와 설탕이 아니라 닭 육수라는 점이 다를 뿐입니다.

어떤 액체든 달걀을 넣고 익히면 굳습니다. 유일하게 순수한 물은 예외입니다. 액체 속에 미네랄이 없으면 음전하를 띤 단백질 분자가 서로 밀어내기 때문입니다. 하지만 양전하를 띤 미네랄 이온이 음전하를 띤 단백질과 결합하면 균형을 이루면서 굳게 됩니다.

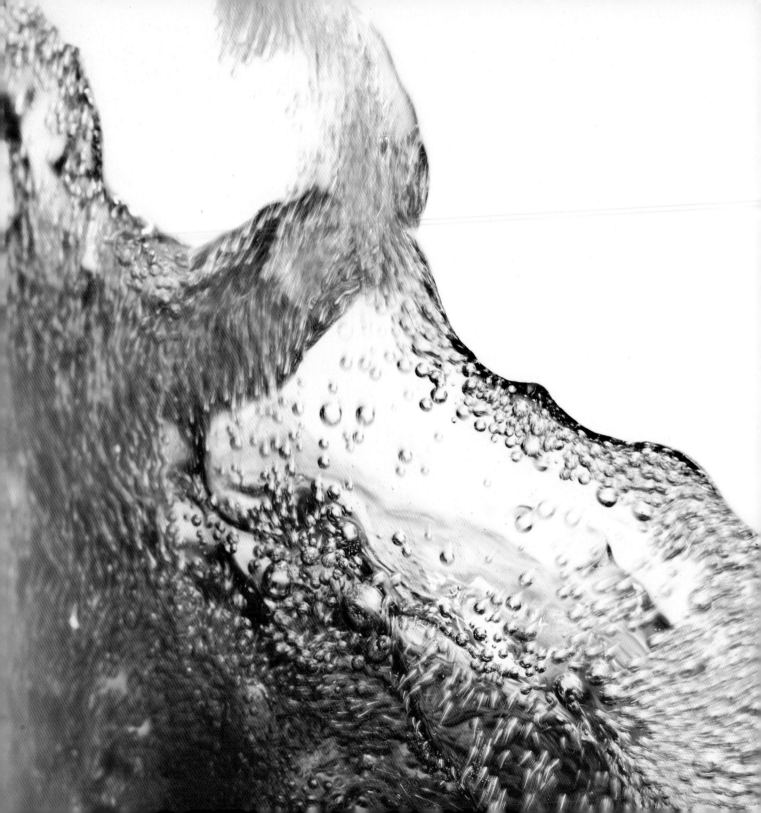

제6장
탄산음료 실험

  이 장에서는 평소에 즐겨 마시는 음료로 실험을 합니다. 첫 실험에서는 놀랍게도 물을 손으로 집어먹을 것입니다. 다음 두 실험은 탄산 실험인데, 액체를 가지고 노는 가장 재미있는 방법입니다. 마지막은 우유를 고체로 만드는 실험을 합니다.

이 장에서는 :

먹을 수 있는 작은 물병   **루트 비어 분수**

콜라 만들기 : 스피드 콜라, 양조 콜라   **우유 범벅**
천연 콜라 시럽

먹을 수 있는 작은 물병

대박!

다 먹을 수 있어!

예습 필요

30~60분

미리 주문하기

5,000원 이하

안전

한입에 쏙 들어가는 물병을 만들면 얼마나 신기할까요? 물에다 물을 붓는 것처럼 보이지만 거짓말처럼 눈앞에서 손으로 잡을 수 있는 물방울이 생깁니다. 게다가 입에 넣으면 톡! 터지면서 갈증까지 해소해 줍니다.

칼슘과 해초 단백질이 만나서 생기는 독특한 반응 덕에 가능한 일입니다. 대부분의 단백질은 열을 가하면 응고합니다. 경우에 따라서는 식초를 넣거나 거품기로 저으면 굳기도 합니다. 하지만 갈조류에서 추출한 알긴산 나트륨이란 단백질은 칼슘과 만나면 응고합니다. 마치 마술 같지만 화학반응에 불과합니다. 알긴산 나트륨은 향이나 맛이 없기 때문에 물 맛에 영향을 주지 않습니다.

재료 :

물 5 1/2컵(1.3리터)
알긴산 나트륨 1/2작은술(2g)
   (오픈 마켓에서 구매)
젖산 칼슘 2작은술(8g)(오픈 마켓에서 구매)

작은 볼
계량컵
도깨비 방망이
넓은 볼 2개
계량스푼
구멍 뚫린 국자

실험 순서 :

알긴산 나트륨 섞기

1. 작은 볼에 물 1 1/2컵(360ml)과 알긴산 나트륨을 넣는다. 도깨비 방망이로 녹을 때까지 잘 섞는다. 잘 섞었다면 공기 방울 때문에 내용물이 뿌옇게 보일 것이다.
2. 15분 동안 공기가 빠져나가도록 둔다. 공기가 나가면 내용물이 맑아진다.

젖산 칼슘 섞기

1. 넓은 볼에 남아 있는 물 4컵(960ml)과 젖산 칼슘을 넣고 완전히 녹을 때까지 잘 섞는다.

물병 만들기

1. 알긴산 나트륨 용액 한 숟가락을 떠서 조심스럽게 젖산 칼슘 용액에 담근다.
2. 숟가락 위의 물이 가장자리부터 굳기 시작할 것이다. 굳기 시작하면 숟가락을 뒤집어 내용물이 젖산 칼슘 용액으로 흘러 들어가게 한다. 처음에는 젖산 칼슘 용액에 아무런 변화도 없는 것처럼 보이지만, 몇 초 후에는 거짓말처럼 물방울이 생기는 것을 볼 수 있다. 완전히 굳을 때까지 3분가량 둔다.

3. 다른 넓은 볼에 깨끗하고 차가운 물을 채운다. 구멍이 뚫린 국자나 손으로 물방울을 떠서 더 이상 화학반응
   이 일어나지 않도록 차가운 물에 담근다.
4. 손에 익으면 한 번에 두 개씩 만들 수 있다.

즐기기!

1. 깨끗한 물속에 있는 '물병'을 구멍 뚫린 국자나 손으로 뜬다. 입안에 넣고 터뜨려서 청량감을 맛본다! 실온에
   서 30분가량 보관할 수 있다.

왜 이런 걸까? 알긴산 나트륨은 해조류에서 추출한 물질인데, 칼슘과 만나면 젤로 변합니다. 젖산 칼슘은 가
루 형태의 칼슘입니다. 그래서 알긴산 나트륨 용액을 젖산 칼슘 용액에 넣으면, 젖산 칼슘 용액에 닿자마자 알
긴산 나트륨 용액의 표면이 굳게 됩니다. 젤 안쪽에는 마실 수 있는 물이 그대로 있어 먹을 수 있는 물병이 되는
것입니다.

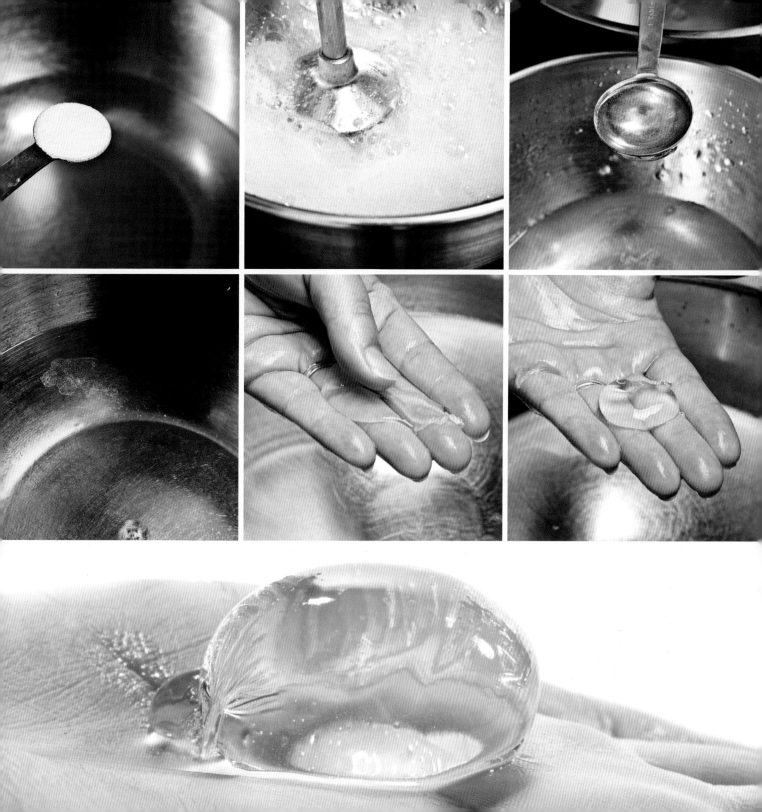

콜라 만들기 : 스피드 콜라, 양조 콜라

웬일!

진짜 맛있어!

예습 필요

며칠

마트에서 구매

10,000원 이하

불 사용

소다는 탄산수에 맛과 향을 첨가해서 만듭니다. 콜라 시럽을 만들어 두 가지 방법으로 콜라를 만들어 봅시다. 하나는 시럽과 탄산수를 섞는 것, 다른 하나는 옛날 방식대로 효모로 발효하는 방법입니다. 두 가지 콜라의 맛을 비교해 보세요.

스피드 콜라

자신만의 콜라 시럽 비법이 있다면 원할 때 언제든지 홈메이드 소다를 만들어 먹을 수 있습니다.

1인분

재료 :

천연 콜라 시럽(151쪽) 1/2컵(120ml)
탄산수 1 1/2컵(360ml)

숟가락
기다란 음료수 컵

실험 순서 :

그냥 섞어서 내기!

1. 기다란 음료수 컵에 시럽과 탄산수를 넣고 젓는다.
2. 얼음을 채워 낸다.

양조 콜라

이 방법은 효모를 넣어 거품을 만들기 때문에 탄산수가 필요 없습니다.

5리터 분량

 조심! 어른이 도와주세요.

재료:

천연 콜라 시럽(151쪽) 1리터
미지근한 물(27~32도) 4리터
와인 효모 1/8작은술(오픈 마켓에서 구매)

넓은 그릇이나 냄비
요리용 깔때기, 소독해서 깨끗한 것
뚜껑이 있는 플라스틱 소다 병 여러 개, 소독해서 깨끗
　한 것

실험 순서:

시럽과 섞기

1. 넓은 그릇에 콜라 시럽과 물을 붓는다.
2. 온도를 잰다. 대략 24~27도면 된다. 효모를 넣고 완전히 녹을 때까지 젓는다.

병에 담기

1. 깔때기로 내용물을 병에 붓는다.
2. 윗부분을 3cm 남짓 남긴다.

뚜껑을 닫아 보관하기

1. 뚜껑을 닫아 실온에서 2~4일간 둔다.
2. 소다 병이 단단해지면 탄산이 가득 찼다는 뜻이다. 적어도 일주일 정도 냉장 보관한 다음 먹고, 3주 안에 다 먹도
　록 한다. 냉장고에서 둘수록 소다의 맛과 향이 더 풍부해지지만, 너무 오래 두면 거품이 지나치게 많이 생긴다.

왜 이런 걸까? 탄산음료를 좋아하나요? 대부분 그럴 겁니다. 땅속 천연 광천수가 건강에 좋다고 알려지면서, 탄산음료도 몸에 좋다고 믿어 왔습니다. 하지만 많은 당분이 들어간 탄산음료가 나오면서 그 믿음이 깨졌습니다. 사실 탄산은 약간의 살균력도 있고 입안에 청량감을 줍니다. 무엇보다 톡 쏘는 느낌이 정말 좋습니다.

천연 광천수를 제외하면 음료수에 거품을 넣는 방법은 압력으로 밀어 넣는 것입니다(요즘 판매되는 소다를 만드는 방법). 아니면 소량의 효모를 넣어 거품이 생기도록 두어도 됩니다. 이 방법이 원래 탄산소다를 만드는 방법이었습니다. 이는 맥주를 양조하는 것과 비슷합니다. 효모는 당을 에너지로 사용해서 알코올과 이산화탄소를 만듭니다. 맥주를 만드는 과정에서 이산화탄소는 날아가고 알코올만 남습니다. 소다를 만들 때는 액체 안에 이산화탄소를 잡아 두고, 너무 많은 양의 알코올이 생기기 전에 발효를 멈추게 합니다.

천연 콜라 시럽

시럽 1리터, 콜라 4리터를 만들기에 충분한 양

재료 :

오렌지 2개, 제스트[1]와 즙
레몬 1개, 제스트와 즙
라임 1개, 제스트와 즙
계피 스틱 큰 것 3개, 잘게 부수어 준비
고수 씨 2작은술(10㎖)
넛맥 가루 1/4작은술

오렌지 껍질 말린 것 2큰술(30㎖)
물 1리터
설탕 4 1/2컵(900g)
바닐라 농축액 1/2작은술
캐러멜 색소 1/4컵(60㎖)

넓은 편수 냄비
나무 주걱
뚜껑이 있는 유기 용기 또는 밀폐 용기 1리터짜리

실험 순서 :

1. 넓은 냄비에 오렌지, 레몬, 라임 제스트, 잘게 자른 계피, 고수 씨, 넛맥 가루, 오렌지 껍질, 물을 넣고 섞는다.
2. 설탕을 넣고 저으면서 다 녹을 때까지 끓인다. 1분 더 끓인다.
3. 불에서 내려 시트러스 즙, 바닐라 농축액, 캐러멜 색소를 넣는다.
4. 식힌 다음 거른다. 밀폐 용기에 보관하면 냉장고에서 2주 이상 보관이 가능하다.

1 레몬, 오렌지, 라임 등의 껍질을 갈은 것. 하얀 속껍질까지 갈지 않도록 주의한다.

루트 비어² 분수

대박!

진짜 맛있어!

누워서 떡 먹기

30분 이하

마트에서 구매

5,000원 이하

안전

동영상으로 소다가 하늘로 솟구쳐 오르는 것을 본 적 있을 것입니다. 이 실험은 그렇게 멋진 장관은 아니지만, 맛있고(마실 수 있다) 집 안에서도 충분히 실험할 수 있습니다. 유리잔이 길고 좁을수록 더 높이 솟구칠 것입니다.

1인분

재료 :

바닐라 아이스크림 1스쿱
차가운 루트 비어 1컵(240ml)
과일향 멘토스 1~3개

신문, 비닐 테이블보, 넓은 쟁반 등
좁고 긴 유리잔
아이스크림 스쿱³
빨대

실험 순서 :

준비

1. 테이블에 신문지나 비닐 테이블보를 깐다. 유리잔을 놓는다.
2. 유리잔에 아이스크림을 넣고 빨대를 꽂는다.

발사와 동시에 먹기

1. 루트 비어를 붓는다. 거품이 날 것이다.
2. 멘토스를 넣고 거품이 넘쳐흐르기 전에 마시기 시작한다!

왜 이런 걸까? 루트 비어 안에 들어 있는 이산화탄소는 꽤 안정적입니다. 하지만 병을 따는 순간 압력이 낮아지면서 녹아 있던 이산화탄소 분자가 뭉쳐 거품으로 분출되기 시작합니다. 여기에 멘토스를 넣으면 이 현상이 가속화됩니다. 민트의 표면은 매끄러워 보이지만 실제로는 많은 굴곡이 있어서 표면적이 매우 넓습니다. 민트의 거친 표면은 이산화탄소 거품을 만드는 핵의 역할을 합니다. 그래서 아주 작은 민트라도 엄청난 양의 거품을 만들 수 있습니다.

2 생강과 다른 식물 뿌리로 만든 탄산음료. 알코올 성분은 거의 없다.
3 아이스크림을 덜 때 쓰는 작은 국자같이 생긴 순가락.

우유 범벅

이 실험에서는 음료가 아니라 먹는 음식을 만듭니다. 한입 먹어 보면 무엇을 만들었는지 알 수 있을 거예요. 맞습니다. 리코타 치즈예요! 치즈를 만드는 작업은 꽤나 재미있습니다. 치즈를 만들고 나면 유장이라는 액체가 많이 남습니다. 유장을 식혀서 그냥 마시거나 초콜릿 시럽을 타서 먹어도 맛있고, 과일을 갈아 넣거나 바닐라를 넣으면 별미입니다.

치즈 285g과 유장 1리터 분량

 조심! 어른이 도와주세요.

웬일!

다 먹을 수 있어!

도움이 필요해요!

30~60분

집에 있는 재료

5,000원 이하

불 사용

재료 :

우유 2리터
레몬 즙 1/4컵(60㎖)
소금 1/2작은술

넓은 편수 냄비
나무 주걱
체
볼 2개
거즈
구멍 뚫린 국자

실험 순서 :

우유 데우기

1. 우유를 냄비에 붓고 중불에 올린 다음, 증기가 올라오고 거품이 생길 때까지 계속 저어 준다. 우유가 끓으면 안 된다!

레몬 즙 넣기

1. 우유를 불에서 내려 레몬 즙을 넣고 저어 준다.
2. 우유가 덩어리(커드)와 액체(유장)로 분리되기 시작한다.
3. 건드리지 않고 10분간 둔다. 커드와 유장이 완전히 분리될 것이다.

거르기

1. 볼 위에 체를 놓고 거즈를 깐다.
2. 구멍 뚫린 국자로 커드를 떠서 체에 거르고 유장은 볼에 모은다.
3. 거즈를 들고 부드럽게 짜서 남은 유장을 짜 낸다.

치즈 만들기

1. 거즈에서 치즈를 꺼내 다른 볼에 담는다.
2. 소금을 살살 섞는다.
3. 치즈 맛을 본다. 레몬 향이 감도는 리코타 치즈 맛이 날 것이다. 치즈는 먹고 유장은 마시거나 요리에 사용한다. 베이킹할 때 우유 대신 사용하면 좋다.

왜 이런 걸까? 우유는 단백질, 지방, 유당(락토스)과 약간의 미네랄이 물에 섞인 것입니다. 우유에 레몬 즙 같은 산을 넣고 열을 가하면 카제인(우유 단백질 중 하나) 분자가 서로 달라붙습니다. 그러면서 커드 덩어리가 생기는데 이는 단백질, 지방, 지용성 비타민, 미네랄로 이루어져 있습니다. 커드는 유장이라고 부르는 액체에 떠다니는데 유장은 유당 혼합물, 카제인 외의 단백질, 수용성 비타민, 미네랄로 이루어져 있습니다. 우유 안에 들어 있는 단백질과 지방 대부분이 커드로 뭉치지만 유장 역시 단맛이 나고 영양가가 매우 높습니다. 버리지 말고 마시거나 요리에 활용하세요. 팬케이크를 구울 때나 베이킹할 때 우유 대신 사용하면 좋습니다.

찾아보기

감사의 글

저는 일생 요리책을 써 왔습니다. 책에 대한 아이디어는 당시의 관심사, 다른 사람과의 대화, 제가 먹었던 것이나 읽었던 책에서 비롯되었습니다. 몇몇 아이디어는 특정한 주제로 책을 내길 원해서 작가를 찾고 있던 출판사나 편집자가 요청한 것입니다.

책에 대한 아이디어를 어디서 얻는지 독자나 기자가 물을 때, 오롯이 나한테서 나온 것이 아니라고 말하면 실망하는 눈빛을 느낄 수 있습니다. 마치 내 책이 아닌 것처럼요. 글쎄요, 사실은 오로지 제 생각만 가지고 책을 써 본 적은 없습니다. 그건 다른 사람들도 마찬가지일 것입니다. 누구나 책을 쓸 때 영향을 받거나 영감을 얻고 창의력을 샘솟게 하는 외부적 요인이 있습니다. 그리고 작가는 책을 낼 때까지 여러 사람의 도움을 받습니다.

여기에 이 책을 같이 만든 사람들을 소개합니다.

먹고 즐기는 과학실험에 대한 개념을 잡고 저를 포함하여 팀을 구성하고 현실로 만든 레슬리 조나스.

원고를 편집하고 실험에 대해 자신만의 명료성, 유머, 실용적인 노하우, 이해하기 쉬운 설명을 덧붙여 책을 만든 루스 브라운.

책이 완성될 때까지 하루도 빠짐없이 독특한 사진을 찍기 위해 노력한 크리스 로쉘. 크리스의 기술과 전문지식 덕분에 달걀이 폭발하는 멋있는 사진을 얻을 수 있었습니다.

이 책의 푸드 스타일리스트 에이미 위스뉴스키. 에이미가 준비해 온 관심과 열정, 정보, 요리 솜씨 등을 책에 충분히 담지 못해 아쉽습니다.

제 지루한 글과 크리스의 튀는 사진만으로 부족한 생동감을 책 표지와 내용에 담아서 디자인한 앨리슨 스턴.

우리가 사랑하는 일을 프로젝트로 만들고 출판 유통하도록 쿼리 출판사에 제안한 매리 앤 홀과 헤더 고딘.

우리 실험에 참가해서 발견의 기쁨을 같이 나눈 모든 아이들. 비토리아 아담스, 에디 앤드류, 애니카 애릭슨, 한스 애릭슨, 사라 조나스, 미엘 래핀, 샬롯 손튼.

역자 후기

번역만 하고 놀아 주지 않는 제가 미웠는지 어느 날 아들이 그럽니다. 언제 실험해 볼 거냐고. 실험 중에 언뜻 보기에도 재밌어 보이는 실험 몇 개를 골랐습니다.

그중에 일단 재료가 집에 있는 '달 모양 쿠기'부터 해 봤습니다. 반죽을 두 가지 만들어 한쪽에는 베이킹소다를, 다른 쪽에는 주석산을 넣고 이어 붙여 달 주기를 만드는 실험입니다. 일반적으로 베이킹 팽창제는 베이킹소다, 베이킹파우더 정도입니다. 요리와 달리 베이킹은 비율을 정확하게 지키지 않으면 망치기 쉬워 레시피에 적힌 대로 굽기만 했지. 베이킹소다와 베이킹파우더가 하는 역할에는 큰 관심이 없었습니다. '달 모양 쿠기'에서 확실히 알게 되었습니다. 베이킹소다는 염기성으로, 베이킹파우더보다 반죽을 더 잘 부풀립니다. 게다가 색을 진하게 만드는 성질이 있습니다. 염기성이기 때문에 양 조절에 실패하면 쓴맛이 납니다. 베이킹파우더는 베이킹소다에 일정량의 전분과 산성을 띠는 주석산을 첨가해서 만듭니다. 실험에 나오듯이 주석산은 반죽의 색을 연하게 만드는 특징이 있고 안정화시키는 역할도 합니다.

아는 만큼 보인다고 했나요? 다시 보니 이어 붙인 베이킹소다 반죽과 주석산 반죽 중에 베이킹소다 쪽이 더 부풀어 오르고 색도 진했습니다.

저자는 30년 넘게 요리를 해 온 전문 셰프입니다. 그래서인지 '달 모양 쿠기'의 맛과 질감이 보통이 넘습니다. 재밌는 실험에 맛난 쿠키까지… 일석이조가 이런 것이겠지요. 책에는 '달 모양 쿠키' 외에도 아이와 함께 즐길 수 있는 색다른 실험이 많이 있습니다. 모든 요리는 작은 '과학실험'에 견줄 수 있다는 저자의 말처럼 실험도 하고, 맛있는 레시피도 덤으로 얻는 즐거운 경험을 할 수 있을 거라고 자신합니다.

게으른 엄마에게 계속 실험을 하자고 졸라 댄 아들 강현과 늘 옆에서 현명한 조언을 해 주는 남편에게 감사합니다. 실험에 대한 부가적인 내용은 cookpq.blogspot.kr에 있습니다.

2018년 1월
금호동에서